何不
勇敢做自己

錢慧如教你職場生存法則

激勵專家 錢慧如 ◎ 著

目錄

第二部 自我價值

第三部

愛的關係

〔推薦序〕

做自己的主人

環顧目前這個日趨惡化的大環境，我常想著，年輕朋友是以怎樣的心情面對？是否發覺不到自己的價值，是否開始覺得懷才不遇，有志難伸，或者覺得自己的努力都白費了？如果景氣繼續惡化，又如何維持生存，甚或成為這亂世中的英雄呢？在這許多擔憂不斷浮現的日子裡，驚喜地看到慧如的新書——《何不勇敢做自己：錢慧如教你職場生存法則》，它適時的提供了職場朋友，在面臨困境時的一盞明燈。

看完慧如的佳作，不禁會心一笑，身為人力資源工作者，每天都看到同樣的劇本不斷的重複上演：部屬抱怨主管、主管嫌棄部屬、員工批評組織……大家都在怨天尤人的惡性循環中，越陷越深，不可自拔。直至所有的人際關係、自我價值，以及精力熱誠，完全消耗殆盡。不知不覺，自己已淪為大環境中的一個敗兵，卻仍在自己狹隘的「自以為是」裡做困獸之鬥。

摒除一般專業人力資源工作者慣用的道德說教的模式，慧如以說故事的方式，生動且真實的呈現職場眾生百態，包括主管與部屬間微妙且敏感的互動，同儕間的競爭與合作，自我價值與職場現實的取捨，工作與家庭間的選擇……全都是職場上人人必須面對的現實問題。

透過自己成長的心路歷程，以及近二十年的專業人資工作的輔導經驗，慧如在書裡針對每個個案，經由《心靈便利貼》和《競爭力升級，Action》，向讀者做出提醒，她不僅提醒讀者如何在艱難的大環境中求生存，更期待讀者能藉由思考和行動，勇敢做自己！只要掌握自己人生的遠景與目的，相信生存與理想是可以並存的，運用智慧，順應大勢造就自己的理想局面。當你能掌控自己的前途時，你就擁有充分的自由與力量，在人生道路上，做自己的主人。

錢慧如是業界頗受尊重的專業人力資源工作者，長年以來積極參與財團法人中華人力資源管理協會的工作，擔任員工訓練發展管理師認證班的核心講師，協助協會致力於提升台灣人力資源從業人員專業的百年志業。

錢慧如老師教學認真嚴謹，專業度深獲學員好評和感動，她輔導過的學員，很多已經是大型企業的人資主管。我想，這或許就如同她在《何不勇敢做自己》書中，試著想傳達給讀者的——生命的價值，不在於時間的長短，而在於我們能為身旁的人創造出多少價值。

（本文作者為財團法人中華人力資源管理協會理事長）

〔推薦序〕

樂活——克服恐懼、強化心智、創造價值、提升競爭力

張裕隆

心靈，是每一個人生命的主宰，它能使天堂變地獄，亦能使地獄變天堂。自從二〇〇八年發生金融海嘯以來，全球陷入一陣恐慌，各國政府無不投入龐大的資源，希望能夠力挽狂瀾，拯救金融機構、企業組織、降低失業率，並重振消費者的信心，然而，似乎無法看到立即顯著的效果。值此之際，一般平民小百姓，到底該何去何從？究竟該如何安身立命？

心靈既是每一個人自我的主宰，面對大環境的恐慌，我認為「克服恐懼、強化心智、創造價值、提升競爭力——快樂地活出更高的自我」，似乎是一個不錯的觀念與選擇，而這亦就是錢慧如老師《何不勇敢做自己》整本書的精髓所在。各位讀者或許可以從這本書中，找到在人生道路上昂首闊步的「精神力量」！

「台灣為什麼需要全世界最長的工時？工時等於競爭力嗎？我深信，唯有身心靈的平衡，

才能開發出能與世界競爭的腦力資源。」這是錢慧如老師在每篇文章最後，特別提出來與讀者分享的提醒、省思與激勵，其他還包括：「真正的鬥士不需要靠著征服他人來證明自己，能夠自由控制自己的心靈與思想，才是真正的贏家」、「不要讓恐懼等負面情緒阻礙了你的行動，唯有強化心智能量，才能跨越情緒與思想的箝制，獲得真正的自由。」

另外，要「跳脫小我的思維，永遠相信自己能夠創造出更大的價值」，以及「生命的價值，不在於時間的長短，而在於我們能為身旁的人創造出多少的價值」，最後「活在當下，每一件事物的存在都有其意義，學著珍惜並感謝目前所擁有的一切」，因為「你是自己的主人，必須為自己的人生負責。」上述的這些觀念，皆令人深思玩味且值得力行，它們來自於作者寫於每個故事之後的《心靈便利貼》。

事實上，長久以來，我一直在研究「如何提升個人與組織的領導力與競爭力」，以及「如何讓人力（腦力）資源升級，創造個人與組織的人力資源績效（Human Resource Performance, HRP）」，其中的關鍵，就在於各位讀者必須不斷花腦力思考以下幾個問題：

一、我的（未來）客戶是誰？

二、客戶最想解決的最大問題是什麼？

三、我是否具有解決客戶問題的核心技術能力，並且不容易被別人所取代？

如果你的答案是明確肯定的，自然能夠創造出個人與組織的價值與競爭優勢。因此我認為根本解決「金融海嘯」此一問題的方法為提升「政府、銀行、企業各級領導人的領導力與競爭力」，尤其是領導人必須帶給成員信心；以及「核心技術」必須升級，且致力於改善人類的生活，而非僅僅重視「關鍵績效指標KPI」的達成，如果真能做到，那麼人類將會進入一個新的里程碑。

《何不勇敢做自己》以說故事的方式為各位讀者娓娓道來，在人生與職場生涯中，個人會面臨的各種抉擇，因此，在全球面臨金融海嘯的此刻，「如何勇敢地做自己——快樂地活出更高的自我」，以及「為個人、組織、社會、國家及人類創造更高的價值」，或許是你和我可以一起共同努力的目標！

（本文作者為國立政治大學心理系工商組教授）

〔自序〕

人生，一定要有故事

錢慧如

這是我的第一本書，在我的人生旅途中，又一次的意外之旅。

這本書的產生，緣自於一場訓練活動，二〇〇八年三月，我應邀到城邦集團為主管們講授三堂有關領導的課程，最後一堂課結束後，商周編輯顧問公司總編輯孫碧卿小姐遞上她的名片，直接問我，有沒有興趣出書？當下我婉拒了她的邀請，原因很簡單，我告訴她：「我其實想要一個低調的人生」。在走廊上，孫總編輯鼓勵我：「錢老師，我聽了你的課，很受到啟發，如果藉由出書，能夠讓更多人受惠，不也是一件好事嗎？」當下，我還是拚命搖頭，但是她的這句話，很厲害，精準地掌握了我的罩門，我答應她再考慮看看。

回到家，跟先生提及此事，沒想到他非常果決地說：「這是件對的事，你應該去做。」

我的先生是我的良師益友，和他結婚十年以來，每當我走到人生的轉折處，總能在與他促膝長談之後做出令我安心的決定，然後昂首闊步地迎向挑戰。他可以說是除了我的父母之外，最了解、最支持，也是最會鞭策我一路往前走的人。

就這樣，我以一種戒慎恐懼的心情，開始了我的人生初體驗——寫書。但該寫什麼樣的題材呢？我在企業裡工作了將近二十年，職場的生態我最熟悉不過了。這兩年，我離開企業自行創業，專注於企業訓練，以及人才評鑑的顧問工作，在與不同產業不同企業接觸的經驗中，我發覺，在這個快速變化、競爭極度激烈的年代裡，我們不斷追求企業獲利與個人的薪資成長，我們在乎股票指數，在乎財富累積速度，但，許多人卻忽略了持續成功最重要的關鍵要素，那就是「心智強度」。

身為人力資源工作者，我不幸的觀察到，現代工作者的「身心健康」狀況似乎每況愈下，於是乎，在職場裡，每天上演著老闆、主管、員工、合作廠商彼此抱怨、彼此折磨的情境，這種狀況甚至擴及到家庭生活，很多人都告訴我，雖然這幾年賺得錢不少，但卻更不快樂，甚至，更痛苦。

最近，在協助客戶進行主管領導競爭力評鑑專案時，我們的顧問團隊把標竿人才做了各項的分析，從數據上顯示，競爭力越強、越能為公司創造價值的人，其「身心健康」的指數越高；而在問題解決、壓力調適，以及領導才能上的得分，也比一般人高，這與我在職場上所觀察到的現象不謀而合：真正禁得起各項考驗的卓越人士，似乎都有一些共同的DNA，例如幽默、樂觀、正面思考、勇於接受挑戰……更重要的是，他們對於自己的專業，都擁有一股異於常人的熱情，而這股執著的力量皆來自於一種「利他」的大愛精神。

今年元宵節，我在蘇州度假，從電視上我看到一則讓人感動的報導。一位小學老師為了一群彝族小朋友的教育，自願留在高山上服務，通往這高山的唯一路徑是一座貼近山壁，必須攀爬四個半小時的天梯，由於環境惡劣，這座小學始終留不住其他的教師，於是這老師只好把自己的老婆「招募」進來。

每到周末，這對夫妻得一一把小朋友們背在肩膀上，一步步的踏著天梯，把學生們平安送到山腳下，周一上午，又踏著天梯，背著學生上山念書。這種日子，他們過了十九年。

記者問老師，是什麼樣的念頭讓他可以堅持下去？老師說：「如果我不留下來，這群小朋友就沒辦法受教育，不會說也看不懂漢語，會讓他們失去謀生的能力，終其一生，只能像他們的父母一樣，一輩子過苦日子。」

記者又問了老師太太：「在山上的日子過得好嗎？」太太靦腆地說：「以前工資一百多元，現在調到兩百多，我們已經很滿足了，謝謝大家的關心。」這對夫妻的回答，感動了現場所有的觀眾。

這十九年來，支撐這對夫妻的絕對不是這微薄的工資，我想，就是一種使命感吧。老師在學生的成長中找到源源不絕的動力，而太太呢？如果不是擁有相同的價值觀，當初的愛情也會禁不起現實的考驗而褪色吧。最重要的是，這對夫妻一定很清楚，這輩子，他們為何而活？也就因為對於人生的意義已了然於心，才能夠讓他們超越物質的匱乏，以及內心的恐懼，勇敢地走出和別人不一樣的人生故事。

這本書，歷經了七個月，在這些日子裡，我經歷了自我懷疑、矛盾、掙扎，以及恐懼，感謝優秀的商周團隊，尤其是編輯總監沈文慈小姐，她是一位傑出的教練，當我陷入寫作困境時，她總能在三言兩語之間，適時給我新的刺激。另外，我也感謝資深編輯莊慧如小姐，沒有她的熱情、投入，這本書不會如此的順利。

我尤其感謝她們對我的耐心，去年年底，金融危機發生後，我看到身旁更多人陷入裁員及無薪假的恐慌與無助，我停筆兩個月，努力的思索我想要帶給讀者的價值是什麼？而我又希望讀者在看完這本書之後，能夠在心裡產生出什麼樣的火花？於是，我展開了一場奇幻之旅，回顧過去的成長生涯，寫下這二十三篇真實的職場故事。

透過這些故事，我想和大家說的是，面對不如意的環境，其實，你可以擁有絕對的主導權，重點是，你必須知道自己是誰，必須知道自己這一輩子在追求什麼，當你清楚此生的目的與夢想時，接下來，你所要做的便是努力強化自己的「心智模式」，以正面的力量，鼓勵自己學習克服內在的恐懼，為自己寫下更精彩的人生故事。

因此，親愛的讀者，如果你現在正處於故事中類似的困境，我想告訴你，在這個世界上，你不是孤獨的，我希望藉由每個故事後的《心靈便利貼》和《競爭力升級，Action》，能夠幫助你找到重新出發的力量。而如果你已經經歷過這些困境，正走向更自由的人生道路時，我也請求你，發揮你的力量，把你的成長故事分享給周圍的朋友，對於企業，我更希望，能夠在讀完這本書後，以人性的價值重新思考現有的管理機制，我深信，領導人的一個觀念，也許便足以免除許多工作者的痛苦。

最後，容我在此感謝我生命中最重要的人——我的父母、公婆，還有我的先生，感謝你們對我的包容及無私的愛，沒有你們，我無法勇敢做自己！

親愛的朋友，人生，是一場學習之旅，無論你現在處於什麼樣的故事，請你細細品嘗，用心體會，總會有這麼一天，你會發覺，每一段故事的發生，都是為了要成就一個更獨特的你！

祝福所有的朋友，能夠透過這本書，找到真正的快樂與自由。

第一部 職場互動

我的老闆也是人

1 我的老闆也是人

有一天，在家跟貓兒玩得正起勁時，接到一通電話：「錢小姐嗎？這裡是某某公司，我的老闆是×××，我們部門目前有一個主管職缺，他認為很適合你，想請你過來聊聊，不知道明天有沒有空？他在辦公室等你……」

一通極簡短的電話邀約，我馬上就答應了。你想是因為我對這個工作有興趣嗎？不！因為老闆是×××！

放下電話，心裡還在小小竊喜：「喲！是×××欸，他居然知道我！」也許，你會認為我是個虛榮的女人，但我敢跟你打賭，如果找你去上班的人是你心目中的somebody，你肯定跟我一樣，來不及check行事曆，馬上說yes。經過一連串面試，我告別自由，進入這家公司。Somebody果然就像江湖所傳言的：頭腦好、反應快，但也言辭犀利；只要有他在，辦公室裡總是瀰漫一片肅殺的氛圍。

不過，我很喜歡這個辦公室，因為這裡有絕佳的視野，雖然看不到山，看不到水，但是放眼望去，偌大的空間，所有人員的一舉一動，全都一覽無遺。在這裡，每個人的神經跟老闆的喜怒哀樂，幾乎成了同步交響曲，於是乎，觀察「江湖上的變化」，也成了我上班的樂趣之一。

某天，我正在準備一個企劃案，想得入神之際，隔壁老闆的辦公室突然傳來連續的「碰—碰—」聲響，劇烈的程度，連我靠牆的桌子也跟著上下震動了幾下。隱約感覺到，隔壁房間裡有人正處於極度氣憤狀態，一陣狂吼之後，又傳來女子斷斷續續的啜泣，直覺告訴我：「有人倒大楣了！」辦公室的氣氛彷彿降到了冰點。

風暴持續進行著，「江湖」中沒有人敢插手。突然，我想做個小實驗！我舉起了左手，同時給助理一個調皮的眼神，她真是聰明的女孩，就在她衝向我、企圖抓住我的同時，我的左手已經往隔壁牆上敲了幾下！降到冰點的空氣，又瞬間凝結。

就在此時，老闆辦公室的門打開了，哭泣的同事離開了，風暴也結束了。

當我正為自己的俠女之舉洋洋得意，抬起頭，老闆就站在我面前！我和他同時面露驚色，他想不到我居然有這個膽子，而我沒料到的是，辦公室裡的人怎麼逃得這麼快？真是一點江湖道義都沒有！

老闆說：「既然沒別人了，中午你就陪我吃飯吧。」看了看手表，還有半個鐘頭，足夠擬定對策了。

吃飯的時候，剛發過脾氣的老闆看得出來有些疲累，卻又有種船過水無痕的輕鬆。我決定向老闆提出一項協議。「老闆啊，發脾氣很傷身體欸，我們都是出來做事的人，實在犯不著為了公事傷害自己。」他嘆了口氣，無奈地說：「是啊，害我高血壓都上來了，但有時候碰到天兵實在是氣不過，控制不住啊！」

「可是我的位子在你隔壁，常常被你嚇一跳欸。這樣好了，以後你發過脾氣之後，我會請祕書幫你量血壓，之後呢，再來量我的血壓，如果我的血壓也跟著飆高，你就要放我半天公傷假，以表示慰問。」

老闆一時說不出話來，眼睛直通通地瞪著我。我看著他，輕描淡寫補上一句：

「你跟我都花了一二十年的時間，從事我們最熱愛的人力資源專業工作，為的是什麼？不就是為了讓我們的職場更健康嗎？所以小女子我要求您給我們一個身心健康的環境，應該不過分吧？」

我的老闆果然是個英雄，他大笑了幾聲，很豪氣地說：「算我敗給你了，我跟你道歉！By the way，我很好奇，你為什麼不怕我？」我毫不猶豫地回答：「為什麼要怕你呢？你不也就是個人嗎！」

老闆輕輕吐了一口煙，煙霧之中有個幽幽的聲音：「是啊，我也是個人！」

《心靈便利貼》

◎克服對老闆的恐懼，以單純的心態，自然地與他相處。

◎幽默感，是向上溝通的一帖良方。

◎老闆也是人，他們需要被關心、理解，以及誠實的回饋。

競爭力升級，Action

◎ 以下問題，思考後誠實寫下你的答案：

1.你和主管相處得如何？
2.你了解你的主管嗎？
3.你畏懼你的主管嗎？為什麼？

◎ 我的立即行動方案：

1.______________________________

2.______________________________

3.______________________________

2 誰趕走了六腳螞蟻？

故事的主角，是一隻俊美又努力的螞蟻，姑且給他取個名字，就叫小P好了。不知道為什麼，小P從小到大都是孤零零的一個人，漸漸長大後，他決定走出原來的生活圈，去探索另一個值得期待的世界。有一天，小P走著走著，來到一片美麗的森林，遠遠的，他看到了一群螞蟻。

小P高興地飛奔過去，但是這群螞蟻長得有點奇怪，每隻螞蟻都只有五隻腳。他們彼此打量了許久，長老說話了：「小P雖然和我們不一樣，但他也是螞蟻啊，就讓他加入我們的團隊吧！他一定會為我們帶來貢獻的。」

小P如願以償加入了這個五腳螞蟻族群，他相信這片森林正是他一直以來所追求的美麗新世界。為了報答長老的知遇之恩，也為了找一個安身立命的居所，小P

告訴自己，現在最重要的事就是要努力工作，把自己最好的一面貢獻給這個團隊。

然而，儘管小P每天早出晚歸，把搬運糧食的工作做得又快又好，但是，其他螞蟻對他不滿的情緒卻悄悄地在組織裡蔓延開來。有人告訴過他，在這裡一天只需要搬運兩袋糧食就夠了，不需要這麼賣力的，可是小P說：「不行啊，颱風季節就快要來了，況且最近族群裡多了好多小螞蟻，得多存點糧食才行啊！」

小P不改初衷，依然埋首於工作中。他在這裡沒什麼朋友，但他相信時間會證明一切，慢慢的，大家就會接納他的。

有一天，長老辦公室裡來了幾隻五腳螞蟻推派的代表，他們說：「長老啊，我們一向很服從您的領導，但這次來了隻六腳螞蟻，我們實在沒辦法跟他相處啊。您有沒有發現，自從小P來了之後，他破壞了我們的傳統，他總是用六隻腳工作，還嘗試改變我們的想法。長老啊，再這樣下去，我們擔心會有越來越多的夥伴打算離開這兒啊……」大家還在你一言我一語的時候，長老制止了大家：「回去吧，這件事我已經知道該怎麼做了。」

第二天開早會，長老站在會議桌前大聲地喊著：「小Ｐ請出列！」大家面面相覷，等著看長老如何處理這件事。小Ｐ開心地跑了出來，心想：「之前就聽別人說過，長老的眼睛總是雪亮的，只要認真工作，努力一定會被看見。」小Ｐ雄赳赳氣昂昂地站在台前等著被表揚，沒想到長老竟說：「來人啊，把小Ｐ的一條腿砍斷！」眾人發出驚呼，來不及逃走的小Ｐ忍著痛，望著長老，淚流滿面。

長老嘆了口氣，拍拍他說：「小Ｐ啊，你不要怪我，這是為了幫助你融入我們的團隊啊。多年以來，我們這兒有一貫的傳統文化，我們有獨特的工作與思考模式，我想，當你和我們一樣成為五腳螞蟻的時候，就能體會我的苦心的！」

小Ｐ含著眼淚說：「難道您沒看到我這段時間的貢獻嗎？」長老點點頭：「謝謝你，小Ｐ，從來沒有一位夥伴像你一樣傑出，我很高興你加入我們團隊，但是，我是長老，必須維護我們的傳統啊！」在一旁竊竊私語的五腳螞蟻們，不禁佩服長老過人的勇氣與決斷力。因為這個事件，長老的領導地位更加穩固了。至於小Ｐ，第二天起就再也沒有人見過他了。

三個月之後，颱風來了，五腳螞蟻族群因為糧食不足，遭到滅絕。

在這個故事中，誰對誰錯呢？

我在企業工作將近二十年，類似的情節，每天在組織中上演著。有一回，我跟一位準備離職的主管進行面談，她說自從進入公司之後，她每天都在「堅持」與「妥協」的矛盾中煎熬。我翻出她的面談檔案，從面試的記錄可以看出，她的主管對她滿意極了。我回想當初她的主管談到即將就任的她時，這樣說道：「我認為她很棒，她身上有我們這個部門沒有的ＤＮＡ，我迫不及待她趕快進公司，相信她會帶給我們很多的刺激與貢獻。」她進公司不過半年，發生了什麼事？為什麼她想離開？

根據我的調查與了解，她的確是一位相當優秀的工作者，在業界小有名氣，主管希望借重她的經驗，加速部門的改造。但是進公司之後，情況不如想像中順利，在這個組織裡，她是如此不同，她的工作方法，甚至於整個思維都衝擊著部門裡每一個人。她花了許多時間在無數的會議中嘗試說服、溝通，但得到的是同事們難以接受的眼神和消極的抵制。有一天，主管對她說：「我知道你很優秀，也很努力，可是，能不能先請你依照公司的做法。因為，大家都還不習慣改變啊！」她反問：「您認為原來的做法是對的嗎？」主管搖搖頭說：「也許你是對的，但你得先融入我們的企業文化啊！」

我嘗試在中間做些協調，但她的主管表示無法抵擋同仁們的壓力，而且很堅持：「才能固然重要，但能不能融入組織文化也很重要！」

我無法改變這位主管的決定，於是邀他喝咖啡的時候，跟他說了小P的故事，希望他能聽得懂！

《心靈便利貼》

給主管的話：

◎永遠記得你用人的初衷。在面試新人的時候，你看到了他的獨特，所以錄取了他，但請不要在新人進入公司後卻要求他放棄那份獨特。因為，那就不再是他了。

◎別過度使用「融入企業文化」的大帽子！你必須有能力為組織創造優良的文化，但也必須有勇氣破除阻礙成長的管理框架，這不是一件容易的事，但卻必須去做。

給員工的話：

◎不要相信「主管的眼睛是雪亮的」。主管每天忙得昏天暗地，不一定了解你的所有狀況，永遠記得，要與你的主管保持暢通的對話，至少，別讓他砍斷你的腿。

◎請保持高度的敏感度。組織敏感度是現代工作者的必修學分，埋頭苦幹的日子已經過去了，讓你的才華活在安全地帶的方法之一就是——建立組織內的人際網絡，他們會告訴你誰正準備向你射箭。

競爭力升級，Action

◎ 以下問題，思考後誠實寫下你的答案：

1.在你所創造的組織文化中，哪些有利於團隊的成長？哪些則會阻礙成長？
2.你是否善用了每一位新人的才能？
3.你是否為了團隊的和諧，不願意做出有利於團隊但卻是困難的決定？
4.你是否總是埋頭苦幹，卻對組織中所發生的事渾然未覺？

◎ 我的立即行動方案:

1.________________________________

2.________________________________

3.________________________________

3 主管的成績單

許多年前，我第一次當上主管，跟大多數的人一樣，都是當上主管之後，才慢慢學習如何當個好主管。

好主管的定義是什麼？我當時並不清楚。那時，我的部屬Jack，剛從研究所畢業，這是他的第一份工作。Jack是個老實的年輕人，個性溫和、做事認真，當時我所服務的公司很鼓勵主管多到部屬家拜訪，公司甚至規定主管必須親自帶著公司贈送的中秋月餅送到部屬家中，我也因此有機會到Jack家走了一趟。

Jack很小的時候，父親就過世了，母親含辛茹苦將兩個兒子栽培到研究所畢業。我進了他家一看，心裡驚呼：「真是家徒四壁啊！」客廳裡除了老舊的沙發之外，可說是空無一物，我想，Jack一家人一定吃了不少苦。

Jack的媽媽是位台灣傳統女性，堅毅中散發著母親的慈愛，她接過禮盒後謝了又謝，說很高興兒子能夠在這麼照顧員工的公司裡工作；她又說Jack常常跟她提起我是位好主管，在工作中非常照顧他。我當時覺得很汗顏，總覺得這是一位母親幫助兒子建立職場關係的客套話。

我和Jack經常為了一件事而發生不愉快，那就是我老是要他戒菸，或者少抽一點，而他總是認為我這個主管似乎有點撈過界了。Jack的菸癮很大，一天總要抽個幾包，我們之間經常有這樣的對話：「Jack，少抽點菸吧，就算不為自己的健康著想，也要為伯母想想，現在正是你們兄弟可以回饋媽媽的時候，你們要好好保重自己的身體才是啊。」

「老闆，我知道你是為我好，可是在工作中我可以聽你的，但在生活上，很抱歉，你無法改變我，請你尊重我的生活方式。」雖然Jack清楚地表達了他的不高興，但我還是一樣，只要經過他的座位聞到菸味，就會像個老太婆似的嘮叨不停。而他總會大叫：「老闆，不要再念了，你會嫁不掉的！」

有一天，Jack沒來上班，打了通電話給我，他在電話那頭說：「老闆，我要跟你請假，我人在醫院，我得了鼻咽癌。」聲音很小，但語氣很平靜，掛了電話，我整個人呆掉了。在往醫院的路上，我在心裡吶喊：「老天爺，怎麼會這樣？他還不到三十歲啊！」

在病房裡看到了Jack，我和他面對面坐著，半天說不出一句話，後來，他從抽屜裡拿出一張紙交給了我，用一貫平靜的語氣說：「昨天下午我進了醫院之後，我問我自己，現在的我還能做些什麼？我想到了你，我對你真的很抱歉，還沒幫上忙自己就生病了，真是對不起！」

我忍住眼淚，拍拍他，還是說不出話來，他繼續說：「所以我幫你排了一下命盤，你看，這是你未來幾年的運勢，就在今年，你會有好幾個工作機會，但是記得一定要選這個方位的工作，保證你事業一路發，我想，這是我目前唯一能夠幫你做的事了。」

我看了看手上的這張紙，他的字跡依然工整仔細，在面臨人生的重大關卡時，他居然還會想到我的人生，我真心感覺到，這樣的一位部屬讓我好心疼。

跟他聊了一會兒，我要他放寬心，好好養病。

我們一同走在長庚醫院的長廊上，我問他：「是不是抽菸過多引起的？」他笑了笑說：「你又來了，我得病之後，我弟幫我上網查了一下，他說到目前為止，沒有文獻指出抽菸與鼻咽癌有直接的關係，所以，拜託你就不要再念我了吧！對了，我再考你一下，你的事業運在哪一方？」我回答了他，他很滿意的點點頭，語氣突然有些凝重：「我不知道我還能不能走出醫院，我可能沒有辦法再提醒你了，你自己一定要記得，這對你真的很重要。」

我點點頭，獨自走向長廊另一端的接駁車站，上車前，我回頭望了一下，穿著藍色衣服的Jack站在遠遠的一端，微笑著向我揮了揮手，我流著眼淚上了車，突然覺得，這個長廊好像時光機，我有種不祥的預感，彷彿藍色的Jack就要被帶到生命的另外一個空間。果然，那日一別，我就再也見不到他了。

在Jack的告別式中，我凝視著遺照中年輕的面容，突然想起，曾經有一位前輩

這樣問過我：「你知道你當主管當得好不好，是誰來為你打分數的？」當時我回答：「不就是每年到了年底，主管給我的考核成績嗎？」

前輩笑了笑說：「其實每一位部屬，都會在心裡為他的主管打分數，那才是你真正的成績單。」

照片裡的Jack依然微笑著。我在想，在與Jack相處的短短幾年中，我在他的生命筆記簿裡留下了些什麼？當他勇敢走向生命的盡頭時，如果想起了我，我是否曾經帶給他一些溫暖而美好的回憶？

Jack的離去，給我很大的震撼，他讓我花了很長時間去思考，我想成為一位什麼樣的主管，以及我想在部屬心目中留下什麼樣的成績單。

那一年的下半年，我果然得到了一個很好的工作機會，在那裡，我不但升官加薪，而且認識了我的丈夫，而工作的地點，就在Jack所指的方位上。

《心靈便利貼》

◎你想成為一位什麼樣的主管？你想在部屬心目中留下什麼樣的成績單？不要說你不在乎，因為一旦成為主管，我們都必定會在他人的生命裡留下一些痕跡。

◎在筆記簿裡嘗試誠實回答以上幾個問題，同時問自己：你希望帶給部屬的是成長、溫暖、自信，還是挫敗與痛苦？想一想自己每天的所做所為，你會得什麼樣的成績單？

競爭力升級，Action

◎ 以下問題，思考後誠實寫下你的答案：

1.捫心自問，你是位好主管嗎？為什麼？
2.做為一位部屬或主管，你希望在對方心目中留下什麼樣的成績單？
3.到目前為止，你做得如何？為什麼？

◎ 我的立即行動方案:

1.________________________________

2.________________________________

3.________________________________

4 小白兔與大肥貓

小C是一隻正直、善良、熱愛工作的小白兔，在森林裡闖蕩了十幾年，她只有一個願望，那就是努力地往上爬，以自己的專業，帶給叢林裡其他動物更多的貢獻。在小C單純的腦袋裡，一直認為能夠爬上高位者，必定擁有令人折服的專業、智慧和道德，她以此做為自己行走森林的標準，並深信這是成功的不二法門，直到她遇到了大肥貓。

在這家大公司裡，大肥貓老A，是小C的直屬主管，稱得上是青年才俊。老A總是喜歡捻著他那長長的鬍鬚，向小C述說著自己是如何受到公司高層的器重，只要小C好好努力，必定也會和他一樣平步青雲……小C很好奇，老A為何能有如此際遇，她打算好好向這位肥貓學習。

上班的第二天，小C要找肥貓簽一份公文，踏入老A辦公室，看到他正站在狐狸小花的後面，身體半蹲著，雙手繞過小花的肩膀，疊放在她正敲打鍵盤的雙手上，兩個人臉貼著臉，很親密的樣子。小C有些尷尬，把公文放在桌上匆匆走了出來，心裡想，怎麼會在辦公室裡看到這樣的場景呢？

蝴蝶妹妹這時飛了過來，向她眨了眨眼說：「我們已經見怪不怪了，狐狸小花因為是老闆的最愛，所以職位連升兩級。對了，她雖然位階不如你，但你可千萬別得罪她啊！」蝴蝶妹妹說完便飛走了。小C這時才明白自己正踏入了一個比以往更複雜的工作環境，但她還是堅信，「專業」是最好的證明，老闆一定會看到她的成績的。

過了一個禮拜，小C埋首於工作之際，豬妹妹珠兒拿著一紙通知要小C簽名，原來是肥貓老A生日，晚上要在森林俱樂部裡請大家吃飯唱歌，小C一向不太喜歡這樣的聚會，很自然的就在「不出席」那一欄裡簽了名。珠兒一看，驚慌失措，連忙制止她：「不行不行，你一定得去，大家都得去，不然老A會生氣的。對了，依照慣例，晚上大家都得喝酒，你可得有心理準備啊！」珠兒用她的豬鼻子拿起橡皮擦，仔細地把小C的名字擦掉，一邊留著口水、一邊小心翼翼地把小C的名字寫在「願意出席」那一欄。珠兒眨著她圓圓的眼睛對小C說：「我也不喜歡去啊，可是人在屋簷下，不得不低頭，反正肥貓一年只過一次生日，你就忍耐著點吧！」珠兒晃著大大的屁股走開了。小C知道珠兒是為了她好，但她想不透：我可是憑著專業拿薪水，為什麼要為這種事低頭呢？心裡雖然百般不願意，到了七點多，小C還是在大家的催促下離開辦公室，到了俱樂部。

俱樂部裡燈光昏暗，音樂震耳欲聾，小C瞥見角落裡堆了好幾箱的酒，環顧四周，辦公室裡所有的同事——狐狸小花、無尾熊阿呆、蝴蝶妹妹、珠兒，就連剛進公司才幾天的蟑螂小強都來了。小C拿了瓶可樂坐下來，這時正在唱歌的肥貓帶著幾分的酒意，晃啊晃的走到了小C的面前，透過麥克風說：「我很高興小C加入了我們的團隊，今天是我的生日，來，小C，把這瓶紅酒給乾了吧！」小C一向不喜歡在陌生的場合喝酒，更何況以小C的酒量，這瓶紅酒一喝下去，鐵定當場醉倒，

在小C的家教裡，白兔媽媽總是告訴小C，女孩子無論如何，都得要維持優雅的體態，在大庭廣眾下喝醉可是一件很不禮貌的事呢！

小C把紅酒倒進了手上的杯子，喝了一口說：「老A，對不起，我酒量不好，但我還是誠心的祝福你生日快樂！」肥貓這時把手肘搭在小C的肩膀上，一臉不悅地說：「才喝一口，太不給我面子了吧，我不管，你今天一定要把這瓶酒給喝掉。你可別忘了，誰是你的老闆啊！」

小C一向最討厭上位者老是拿「老闆」這兩個字壓她，這時心一橫，決心抵抗到底，她對著肥貓說：「老A，你就別為難我了，我只有這麼點酒量，況且明天一早我還要跟客戶大河馬談簽約的事呢！」說罷，又喝下了一口。小C心想，這下總可以了吧！沒想到肥貓老A還是不肯走，拿著麥克風大聲說：「跟客戶簽約有什麼大不了的，反正大河馬很好騙，你今天不喝，就是看不起我這個老闆，你自己看著辦吧！」

肥貓真的生氣了，原本鬧烘烘的房間裡頓時安靜了下來，大夥兒全都湊了過來，小花栗鼠阿邦跳上小C的耳朵，嘰嘰喳喳地說：「還是喝了吧，大不了我送妳回家！」大夥兒眼睛全都盯著小C，沒有人敢在這個時候幫她說句話，小C放下了酒杯，對著肥貓說：「很抱歉讓你不開心，但我是來上班的，可不是來當酒家女的。」話一出口，身旁所有的同事全都嚇傻了眼，肥貓氣得連額頭上的頭髮都豎了起來，這時，狐狸小花擺著纖細的腰枝走了過來，一把勾住肥貓的手臂說：「來，我陪你喝，今天是你的生日，可不能生氣喔！」尷尬的場面化解了，俱樂部裡又恢復了嘈雜的歌唱聲，站在一旁的蟑螂小強抖著他那千年不壞之身對著珠兒說：「看著好了，小C沒好日子過了。」

那天之後，小C果然再也得不到肥貓的正眼看待，她也觀察到老A雖然年紀輕輕就坐上年薪千萬的高位，但老A其實並不具備這個行業的專業，也從來沒有為公司帶來業績，倒是花了不少心力在贏得他的老闆——黑狼的歡心。聽說每個月在經營會議中，肥貓總是躲在黑狼的背後，當公司其他的大老們板著臉要求檢討肥貓的績效時，黑狼總是笑呵呵的，四兩撥千金地說：「肥貓年紀還輕，請大家再給他一

些時間歷練吧！」老A就這樣總是能夠躲過風暴，安穩地坐領高薪。小C知道她與肥貓的工作價值觀是如此的不同，只好更努力的投入工作，她相信只要做出成績，最後還是能夠取得老闆的認同。

小C日以繼夜、拚命工作，年底到了，她也終於達成了業績目標；同時，身為主管，小C也依公司規定謹慎的評估著團隊成員的表現：珠兒很努力，也達成了目標，所以拿到九十分；小強只會逢迎拍馬，工作表現差強人意，小C給他七十分；無尾熊阿呆整天不做事，所以拿了六十分；至於狐狸小花，因為做的全都是肥貓交辦的工作，所以小C保留給老A自己決定。

考績表送出後的第五天，珠兒哭喪著臉跑來告訴小C，肥貓跟她面談時，把她的成績改成了六十分，理由是肥貓認為珠兒跟小C是一夥的。不僅如此，肥貓還拿出其他人的成績表，當場把小強和阿呆的分數都改成了九十分，老A在他的辦公室裡蹺起二郎腿，瞇著眼睛對珠兒說：「你果然是個笨豬，希望以後你能學聰明些。不要忘了，在這裡，我才是你的老闆。」珠兒說到這兒，擦擦眼淚說：「小C，看來以後我不能再和你一起吃中飯了。」至於小C自己的考績呢？電腦上顯示，她只得到了七十分。

小C走進肥貓老A的辦公室，她認為老A一定是把目標記錯了，同時，她也想和老A溝通一下部屬們的表現。小C認為只要真誠的溝通，一切的誤會都可以化解。

老A還是一樣蹺著二郎腿，擦得發亮的名牌皮鞋在小C的面前抖動著，小C看著他說：「老A，我可以請教你為什麼我的考績分數是七十分嗎？我想我的目標達成率應該已經超過了一〇〇％，是不是有什麼地方我還做得不夠好呢？」肥貓伸了個懶腰，把腳放了下來，突然身體往前一傾，兩眼直盯著白兔小C，突如其來的舉動把小C嚇了一跳。老A說：「小C啊，你就是凡事太認真了，七十分已經很好了，你一切都表現得很好，我對你沒有一丁點的不滿，你不要多心了！」老A揮了揮手，看來很想趕快結束這場對話。

「可是，我的目標都達成了啊……」小C還是想知道分數背後的原因。老A

站了起來，雙手插著腰，很不耐煩地說：「誰告訴你目標達成了？你還差目標業績一百萬呢？」

「一百萬？不會吧。目標什麼時候改的？我怎麼不知道呢？」小C非常驚訝，肥貓老A卻露出一抹詭譎的笑容：「我是老闆，我當然可以隨時修改目標，這多出來的一百萬，就在前五分鐘我才決定增加的。所以，很抱歉，你還是沒有達成公司的要求。不過，我會原諒你的。」肥貓說完之後看著小C，輕蔑地笑了。頓時，小C內心的火山似乎即將爆發，但一想到珠兒的處境，小C決定按捺住自己不滿的情緒：「好吧，但我想跟您談談部屬的考績，珠兒工作表現很好，目標也……」

「我告訴你吧，目標根本不重要，」小C話還沒說完，老A就大聲地打斷她，「珠兒表現得好不好，要用我的標準來衡量，你不要忘了，我才是遊戲規則的主宰者！」

小C站在肥貓老A華麗的辦公室裡，難過得說不出話來，她從未想到，「老闆」原來是可以這樣當的，沒有所謂的合理，也沒有所謂的對錯，只要他高興，遊戲規則可以任意更改，只因為他是「老闆」！

小C帶著絕望，正要離開辦公室時，老A一把抓住了她，用低沉的嗓音說：「識時務者為俊傑，我雖然需要業績，但沒有你，黑狼依然可以讓我穩坐總經理的位子，只要在我底下的一天，就算你再怎麼努力，都別想要升官發財。」小C噙著眼淚說：「這一切，難道就因為那一天我拒絕喝酒嗎？」老A又大笑了起來，瀟灑地說：「我怎麼可能會這麼小心眼呢？不過，小C啊，這一切都是你自己的選擇！」老A說完之後便揚長而去。

績效考核過後，辦公室裡起了微妙的變化，珠兒在表面上變得冷漠，只敢在下班回到家後打電話給小C；阿呆與小強更是變本加厲地漫不經心。有一天，小C找小強詢問工作的進度，小強非但不覺得抱歉，反而冷冷地回應：「在表面上你雖然是我的主管，但你我都很清楚，在這裡，肥貓才是老大，你那麼拚命也不過只得到了七十分，我啥事也不用做，只要陪著他喝酒玩樂，只要老A高興，搞不好有一天，我會成為你的主管喔！所以說啊，我勸你別再死心眼了，要嘛就學小花，不然

就跟我們一起練練酒量，加入我們的『肥貓開心康樂隊』囉。」說完便忙著上網搜尋晚上喝酒的地點了。

面對小強的反諷及「建議」，小C不禁懷疑：這難道才是當今的生存之道嗎？從小，書本上教育我們的核心價值難道已經走入歷史，不再為世人所接受了嗎？我真的該改變嗎？小C在心裡問自己。

小C還來不及找到答案，辦公室裡又發生了一件事。經過好幾個月的交涉與斡旋，小C終於拿到一筆從國外總公司發出的委託訂單，黑狼特別在公司「Big Win」的活動中表揚老A，黑狼同時也寫了一封信，鼓勵及感謝小C的努力。收到信後，小C禮貌性地回了封信給黑狼，但萬萬沒想到，這個簡單的動作，卻引起了肥貓激烈的反應。

一大早，肥貓把小C叫進了辦公室，大聲咆哮：「你憑什麼可以寫信給黑狼？拿到大訂單有什麼了不起，值得你到處炫耀？你有本事拿到訂單，我也有權力取消訂單。」說罷，肥貓立刻伸出戴著閃亮名表的爪子，撥起電話，無厘頭地，發了瘋似的把發出訂單的美洲豹狠狠地狂罵了一頓。十分鐘之後，小C接到通知：訂單取消了！

回到自己的辦公室，一關上門，小C再也忍不住，嚎啕大哭。回想起過去幾個月，一個人孤軍奮戰，忍受著壓力，忍受著煎熬，這一切眼看著就要開花結果了，卻在老A的破壞下，努力瞬間化為烏有。小C在心裡吶喊著：「為什麼你要這樣對我呢？我努力工作難道也錯了嗎？難道我就應該和大家一樣向下沉淪嗎？在這裡，到底還有沒有公平正義呢？」從窗外望去，大家圍著肥貓，拚命討他開心，沒有人在乎工作做完了沒，也沒有人在乎目標是什麼。就連在森林裡虎視眈眈的競爭對手，似乎一點也引起不了肥貓的注意。小C覺得好寂寞，那是一種堅守崗位，卻似乎沒有立足之地的寂寞感！

日子更難熬了，肥貓的冷嘲熱諷，部屬的不理不睬，大家把小C當成了隱形人，再也沒有人在意她的想法，小C開始過著離群索居的生活，她想藉著遠離大家，遠離肥貓，給自己一個清靜自在的空間。但是，小C無法和大家一樣乾領薪水

不做事，只是，成績越好，日子卻被肥貓折磨得越難受，老A每天總是利用各種手段，一步一步地把小C逼進牆角，小C心裡很清楚，這個時候，已經走到了「妥協」或「離開」的抉擇路口。

下一步，該怎麼走呢？小C面臨了空前的挑戰。

5 小白兔復仇記

上了一天班回到家，白兔小C躺在床上，工作的疲憊加上內心的煎熬，小C累到無法動彈。

這段日子以來，公司的文化越來越糟糕，小C實在搞不懂，肥貓身為總經理，卻可以昧著良知，整天不幹正事。在他的領導文化薰陶下，這裡的員工很自然地，依照自己的中心思想和「專業才能」，自動歸類為四種族群：小妾情人團、飲酒康樂團、八卦小鬼團，以及小C所屬的「肥貓眼中釘團」。肥貓眼中釘團成員只有小C和另一個部門主管——孔雀葳葳，但不知怎麼回事，葳葳從不跟小C說話，總是獨來獨往；而新成軍的八卦小鬼團，就專門躲在暗處，負責監視和回報小C及葳葳的一舉一動。

這種極度扭曲的文化與價值觀，令小C打從心底感到厭惡，每天進辦公室，對她來說都是天人交戰，她好想逃離這裡，卻不知道為什麼，就是沒有勇氣下決定。

日子就在這樣的矛盾之中度過。漸漸地，小C發現自己已經好久沒有露出笑容，快樂的感覺似乎越來越遠。夜深人靜的時候，小C總是莫名其妙流著眼淚，好寂寞也好徬徨，前途，就好像是在黑暗的深谷中開著一輛沒有大燈的車前進，隨時都有墜落谷底的危險……每次想到這裡，恐懼與不安總是占據了小C的腦海，讓她有種幾近窒息的難受。

一天晚上，小C做了一個夢。她跳進一片森林，林子裡有潺潺的流水，有蟲鳴鳥叫，燦爛的陽光像黃金般透過樹梢灑落下來，小C仰著頭，大口大口的呼吸著花香和清新的空氣，好久沒有這種輕鬆自在的感覺了！小C瞇起眼睛，躺在草堆裡，正打算好好享受這片刻難得的時光。突然之間，陽光不見了，黑夜提早來臨，那種熟悉的恐懼感又再度出現！

小C倉皇地想逃出森林，跑啊跑的，森林裡卻像是裝了一道道的隱形門一樣，怎麼也跑不出去！小C哭著喊著，這時，肥貓老A從石頭裡跳了出來，伸出利爪往小C背後狠狠的抓了一把，鮮紅的血從白色的毛髮中滲透出來。肥貓露出凶狠的眼神，伸出雙手掐住她的喉嚨，用沙啞又陰沉的聲音說：「小C，你別想逃，今天，就是你的死期……」

「不要不要，求求你，放我走吧……」小C死命地用力揮舞著雙手……

「小C，你怎麼了，你醒醒啊！」貓頭鷹博士抓著小C的長耳朵，小C彷彿在惡夢中驚醒了，一邊擦著眼角的淚水，一邊跟博士說了剛才的夢，博士聽完之後，兩隻眼睛盯著小C，只淡淡說了一句：「你願意讓肥貓繼續控制著你的人生嗎？」

「我該怎麼做？請你告訴我答案好嗎？拜託你！」小C幾近哀求地問，貓頭鷹只是搖搖頭說：「這是你的功課，你得自己找答案。」

夢醒了，小C的心似乎也跟著甦醒。

「博士說得沒錯，我不該活在老A的控制下，像他這種主管憑什麼可以支配我的人生，左右我的喜怒哀樂？我得想辦法走出他的陰影才是。」白兔小C在心底下

定決心，這一次，她要走一條勇敢又正確的路。

說也奇怪，當小C決心要正面迎戰肥貓時，心情突然一掃過去的陰霾，她拿出一張白紙，寫下了幾個問題，小C打算好好地想清楚：

一、你喜歡這裡什麼？留戀什麼？

二、這裡能提供什麼價值？

三、你未來的目標是什麼？你追求什麼？

四、你厭惡這裡什麼？

五、你所厭惡的人或事會成為你達成目標的障礙嗎？

六、在你所厭惡的人或事上能獲得什麼？學習到什麼？

七、你所厭惡的人或事可能成為你追求目標的助力嗎？

八、什麼方法能讓你所厭惡的人成為你的助力？

九、什麼方法能不讓你所厭惡的人或事阻礙你對目標的追求？

十、誰是你生命的主人？

看著這十個問題，小C沉思許久，忽然間，她明白原來一直無法做出決定，是因為她是真心喜歡這份工作啊！她想起工作帶來的滿足感，她愛死了客戶的掌聲，愛死了追求績效數字的刺激感，同時，小C也清楚地了解到，這份工作的經驗對於自己未來的職涯發展有著關鍵性的影響。

「既然如此，為什麼要讓肥貓奪走這一切呢？」有一個小小的聲音質問著小C。「我也不想啊，可是肥貓實在是太惡劣了，他……」小C回應著這不知從何而來的聲音，但那聲音打斷了她：「肥貓的一舉一動，我都清楚，他的一切作為最後自會得到審判，但你得先問問自己，除了恐懼、不安、挫折、沮喪之外，你還為你自己做了什麼？」

「我為自己做什麼？」小C不解的望著天空。

「好，我換個方式問吧，除了對肥貓生氣，躲避肥貓之外，你有好好的運用他嗎？你真該想辦法從他那得到一些好處才對！」那聲音質疑著小C。「不要吧，我不想降低我的格調，像別人一樣委曲求全、阿諛諂媚，我受不了這樣做……」小

C一想到自己卑躬屈膝的畫面，不禁打了個寒顫，她真的不想變成那樣，她可是剛毅、正直又優雅的小白兔呢！

「小C，這世界不像你想像的那樣簡單，你必須拋棄零和的觀念，玩一場真正雙贏的遊戲。你必須學習找出一種讓自己可以接受，又能讓肥貓幫助你達成目標的方法，至少，不要讓肥貓再度成為你的障礙。」小C能夠認同這樣的說法，但怎麼做呢？「有哪一位主管能夠拒絕一個對他有幫助又有價值的部屬呢？」那個聲音再次響起。

「可是，即使我達成了業績，他還是不認為我有價值啊，我一定得反擊，否則我實在嚥不下這口氣。」小C回想起過去的委屈，忍不住又開始抱怨。

「等等，業績或許是一種價值，但，除了業績之外，你還給過肥貓什麼，是他所需要的？」那聲音反問。

「你說什麼？你該不會要我……不行不行，我已經有心上人了！」要小C用美色誘惑別人，簡直要她的命，小C漲紅了臉。

「你要玩一場雙贏的遊戲，當然不需要改變你一向引以為傲的核心價值，但是，想想看，過去你是怎麼對待肥貓的，你曾經讚美過他？尊敬過他嗎？」那聲音說對了一些事實，小C是真的打從心底看不起肥貓老A，也許，這眼神讓肥貓很不舒服。

「每個人都有優點，也有脆弱的一面，你想讓肥貓幫助你，成為你的貴人，就得在心裡接納他，關心他，理解他，也就是讓自己先成為他的貴人。」那聲音依然持續：「職場生存的最高境界，就是要學習成為一位勇敢的鬥士，困境與挑戰是上天送給你的禮物，當你能夠勇敢的面對它，你就跨出了成功的第一步。接下來，你必須鍛鍊你的心智，學習跨越恐懼、膽怯、懷疑、憤怒、忌妒等情緒，以及性格的限制，不要讓這些負面的感覺阻礙了你的行動，當你獲得完成人生使命所必須的心靈自由時，你便成為了真正的鬥士。」

這一番話，完完全全的敲醒了白兔小C，她相信這聲音是來自天上的聖者，對著天空，她流下懺悔的眼淚，在這一場對話中，小C明白過去的自己是多麼的愚昧

及膚淺，過去她所遭受的折磨，其實無關肥貓的作為，是她自己親手囚禁了自己，也是她自己心甘情願的活在自己築起的監牢裡。她感謝老天的提醒，如果不是肥貓，她無法看到自己的脆弱。

全新的想法，帶來全新的生活。隔天上班，肥貓老A從小C眼前走來，一反過去總是低著頭迴避的態度，小C大方開朗地給老A一個燦爛的微笑，「嗨，老A，早啊，今天穿的襯衫真的很好看欸。」小C沒想到，換了一個心情，居然發現老A的衣著品味還不錯，為什麼以前沒注意到呢？老A被小C的舉動嚇了一跳，往自己身上左看看右看看的，一副不知所措的樣子。小C覺得很有趣，這可是頭一遭讓老A說不出話來呢。

進了辦公室，小C拿起電話撥給葳葳，話筒那頭的聲音很冷漠：「有什麼事嗎？」小C清了清喉嚨：「葳葳，今天可以跟我一起吃午餐嗎？我想搞清楚為什麼你老是不理我。」葳葳愣了一下，緩緩地說：「這種情況不是你自己造成的嗎？好吧，既然你先找我，中午就把話說清楚吧。」為了避開肥貓的耳目，她們約了一個離辦公室有點遙遠的樹窟見面。小C的情緒有些複雜，想到連同事見個面都得躲躲藏藏的，不禁有些悲哀，但小C告訴自己，從現在開始，得要學習擺脫負面情緒，於是她滿心期待著中午的來臨。

在樹窟裡見到葳葳，氣氛簡直降到了冰點，這是兩人第一次獨處，小C一向不擅長處理這種場面。過了幾分鐘，小C硬著頭皮打破沉默：「葳葳，你是不是對我有些不滿？我實在想不出來我哪裡得罪你？」

葳葳抬起頭，瞪著小C說：「你別裝傻了，上次我的考績只得到七十分，肥貓告訴我，那是因為你經常向他告狀，說我把部門帶得一團亂，還說我的業績都是靠你轉介來的，肥貓說他雖然不相信你，但需要時間觀察我，都是你，害我白費了一整年的辛苦。」小C訝異得說不出話來，之前肥貓也跟她說過類似的話，當時她還信以為真呢，小C趕忙向葳葳解釋，經過一番說明，他們倆終於恍然大悟，原來，肥貓老是喜歡搬弄是非，在組織內製造衝突，造成自己獨霸天下的局面，這是肥貓為了鞏固地位的一貫伎倆。

「哈哈，我終於搞清楚了，來，我向你道歉，原來我們都成了肥貓玩弄的對象呢。」葳葳大方的伸出手，用力握住小C，同時，在餐桌上畫了一個圓圈，小C不解地問：「這是什麼？」

「這是我們的信任圈，從今天起，我們一定要團結，不論肥貓使出什麼手段，我們都要相信彼此，為對方打氣。」葳葳微笑說著。「太好了，信任圈，加油！」小C舉起水杯，一飲而盡，第一次，小C體會到「擁有夥伴」的感覺。

和葳葳盡釋前嫌之後，小C變得開朗許多，每天她和葳葳偷偷分享著工作的一點一滴，遇到瓶頸時，彼此鼓勵，一起找出突破的方法；拿到訂單時，也會彼此相約到樹窟見面慶功，樹窟成了她們的祕密基地，也是她們的能量加油站。

小C在工作之餘，也開始觀察肥貓。她發現老A雖然沒有這個產業應有的專業，卻擁有一顆小C所不及的聰明腦袋，為了保護自己的地位，他永遠知道在那些大老和同儕面前，什麼時候該虛張聲勢，什麼時候該彎腰低頭。即便如此，小C也注意到，也許是缺乏專業，也許是年少得志，老A出現在重要場合時，總是極度缺乏自信與安全感。「或許，這種恐懼的心理就是造成肥貓囂張跋扈的主因吧，」一想到這裡，小C終於理解肥貓的種種行為，也決定要善用肥貓的腦袋。

她開始主動找肥貓討論工作，起先小C並不抱有任何期待，但漸漸地，小C發覺，老A雖然不了解工作細節，但總能夠在渾沌不明的狀態下，協助小C撥雲見日，指出問題的核心。小C有些懊惱，怪自己進公司那麼久，怎麼直到現在才發現老A的優點呢！原來，因為對於某些價值觀的偏執，小C不自覺的在心裡把身邊的人全都做了分類，這一來，蒙蔽了自己的眼睛，也就阻絕了向他人學習的機會。

正當一切都變得更順利的時候，有一天一大早，小C一邊吹著口哨一邊跳著進公司，才一坐下，肥貓就出現在小C面前，肥貓拉了把椅子，照例把腿蹺得高高的，放在桌上，一邊抖動著，一邊對小C說：「小C啊，我看你最近心情不錯喔，不過，我希望你多關心一下你的部屬，不要老是讓我處理部屬對你的抱怨，很煩欸。」小C知道肥貓捉弄別人的癮又犯了，但這一次她想讓肥貓過足癮，她一邊專注地看著肥貓，一邊拿出筆記本，仔細地記下肥貓說的話，她抬起頭看著他說：

「老A，真抱歉，你這麼忙，還讓你費心處理我部門的事，我會好好檢討的，謝謝你。」肥貓愣了一下，接著說：「對了，小C，這一次的晉升，我沒有提報你，那是因為……」

「沒關係，老A，你不用跟我說理由，你是老闆，會做出這樣的決定，必定有你的考量，我尊重你。」小C發覺，此刻，她真的一點也不在乎這樣的結果，倒是老A急著想解釋，「你聽我說，那是因為你今年的目標……」小C露出神祕的微笑，搶著接下去：「目標還是沒達成，讓我猜猜看，還差了一百萬，對吧？唉！真是抱歉。」

對於小C異於往常的輕鬆冷靜，老A感到不可思議，擔心地拍拍小C說：「小C，你……你沒事吧！」

「我很好啊，老A，不論考績結果如何，我都會繼續努力的，說真的，我還得謝謝你當初錄用了我，讓我在工作中享受到這麼多的樂趣，真的謝謝你。」肥貓凝視著小C好久，最後，帶著不解的神情走出了辦公室。望著肥貓的背影，小C知道，那個來自於天上的聲音指引她找回了最單純的初衷，她體會到，當她不需要藉由升官加薪來肯定自我的存在價值時，她便解除了肥貓手上那根權杖所加諸於她的魔咒。這，或許這是老天所說的「心靈的自由」吧，這一刻，她得到了無比的輕鬆與快樂。

過了幾天，孔雀葳葳約小C在樹窟見面，葳葳面帶神祕又興奮的表情說：「小C，明天我就要離開這裡了，不過，如果我蒐集到一些證據，你願意跟我一起揭發肥貓的惡行嗎？」小C搖搖頭說：「葳葳，放過自己吧，不要因為肥貓，讓自己老是活在報復的仇恨裡，快樂地去追求你的生活吧。」

一年後，小C決定離開公司，展開一個全新的生活。臨走前，肥貓破例向所有同仁發了封公開信感謝小C的貢獻，看著這封信，小C百感交集，回想起過去的兩千多個日子，本以為已經走到人生的低谷，卻沒想到，在這峰迴路轉之中，卻教會了小C一件事，那就是：「你無須征服別人，當你成功地征服自己，成為自己心靈的主宰時，你，才是真正的贏家。」

《心靈便利貼》

◎勇者無懼，不要讓恐懼等負面情緒阻礙了你的行動，唯有強化心智能量，才能跨越情緒與思想的箝制，獲得真正的自由。

◎職場中沒有真正的敵人，它的存在是老天送給你的禮物，珍惜這份禮物，勇敢地面對它，你會發現它將指出你的脆弱所在。

◎你是自己的主人，必須為自己的人生負責，輕易地交出控制權，就等於向你的人生豎了白旗。

◎完成目標需要匯集眾人之力，想讓別人幫助你，就得在心裡接納他，關心他，理解他，讓自己先成為他的貴人。

◎每個人身上都有可供學習之處，這並不表示要自己放棄道德與堅持，學習在職場中玩一場雙贏遊戲，廣納資源，讓他人成為協助你達成目標的助力。

◎真正的鬥士不需要靠著征服他人證明自己，能夠自由地控制自己的心靈與思想，才是真正的贏家。

競爭力升級，Action

◎ 以下問題，思考後誠實寫下你的答案：

1.你喜歡目前的公司嗎？留戀什麼？
2.這裡能提供甚麼價值？
3.你未來的目標是什麼？你追求什麼？
4.你厭惡你所處的環境嗎？
5.你所厭惡的人或事會成為你達成目標的障礙嗎？
6.在你所厭惡的人或事上你可以獲得什麼？學習到什麼？
7.你所厭惡的人或事有可能成為你追求目標的助力嗎？
8.有什麼方法可以讓你所厭惡的人成為你的助力？
9.有什麼方法可以不讓你所厭惡的人或事阻礙你對目標的追求？
10.誰是你生命的主人？

◎ 我的立即行動方案：

1.______________________________

2.______________________________

3.______________________________

6 不想成長不行嗎？

前一陣子，到某企業講了兩天有關領導的課，那是個愉快的經驗。在兩天的課程中，這些年齡多半比我大的學員，在每個我所設計的教學活動中，總是忘情地投入，彼此分享著工作和生活的經驗。兩天下來，學員之間成了為彼此打氣的好夥伴。

課程結束前，我照例感謝所有學員帶給我兩天美好的時光，他們則回報我熱烈的掌聲。我在講台前正準備收拾電腦，有位女性夥伴——麗芬，跑來跟我交換名片，對我說：「錢老師，謝謝你，這兩天聽了你的課，我覺得我在工作中逐漸失去的能量又回來了，真是謝謝你，我想以後我會更有勇氣面對我工作中的挫折與挑戰了。」我對她報以微笑：「謝謝你給我的鼓勵，但也不要忘了要把這份動力帶回工作中，去感染你的部屬喔！」

「可是我覺得好難喔，要改變部屬的決定真的是一件困難的事。坦白說，最近我和一位員工的關係簡直降到了冰點，這件事讓我好一陣子睡不好覺，我好氣她為什麼不懂得我對她的苦心？」說著，她的眼眶有些泛紅，我想她心裡一定不好受，於是問她：「現在想聊一聊嗎？我們到樓下喝咖啡吧！」她很驚訝的說：「老師，這樣會不會太耽誤你的時間？」我一邊示意工作人員告知司機先離開，一邊拉著她往咖啡廳走，因為，在我的觀念裡，解決學員的困惑是老師的天職，哪能分上課下課時間？

我們點了兩杯咖啡，她繼續說道：「其實，我真的很看好我這位員工，所以我常鼓勵她要不斷成長，也常把有挑戰性的專案工作交給她負責，我把她當成接班人培養，沒想到，最近她居然告訴我她累了，希望我不要再push她，她只想當個能夠兼顧家庭與工作的上班族……老師，你知道嗎，我聽了之後心都碎了，我花了這麼多的時間和心血，毫無保留的栽培她，我覺得她真的很對不起我耶！」麗芬說

完，又掉下兩行眼淚，我拍了拍她說：「我想你一定對部屬付出了很多情感，對不對？」她委屈地點點頭，又問了另一個問題：「我是不是該放棄她呢？」我喝了一口咖啡，跟她分享了一個故事。

多年前，我剛到一家公司擔任人資主管的工作，上任之後的第二個禮拜，有三位女性同仁一起來找我，她們對我說：「我們久聞你是一位樂於培養同仁的主管，所以我們一聽說你要來，都好興奮喔，我們想要表達的是，以前的主管只會叫我們依照規定做事，都不教導我們，可是我們也想要成長啊，所以可不可以請你幫我們規劃一下成長計劃呢？」

我看了看她們三位，沉默了幾秒鐘：「謝謝你們向我表達你們的想法。培養和教導部屬是主管的責任，我一定會努力去做的，但是我想先問的是，你們準備好了嗎？」三位同仁彼此看了看，其中一位比較資深的小莉說：「不好意思，我們要準備什麼呀？」我笑了出來：「準備過苦日子啊，成長絕對不是一件輕鬆的事，你們要想清楚喔！」三人很有信心地點點頭，一副準備要接受挑戰的樣子。

我花了兩個禮拜觀察部門裡所有同仁做事的態度，以及工作的方法；到了第三個禮拜，我開了一些書單，請同仁依進度在一個月內閱讀完並繳交心得報告，同時規定他們每個月必須為自己負責的工作，提出至少一項流程改善或創新計劃。一時之間哀鴻遍野，從這個反應看來，他們過去的日子應該過得還不錯。

我持續執行這個「成長計劃」，在短短的三個多月之內，有幾位部屬的表現令我驚豔，他們無論是工作的動力與潛能，都逐漸自團隊中脫穎而出，我感到欣慰極了。當我正享受著這份無與倫比的成就感時，一天傍晚，小莉到我辦公室，無精打采地說：「老闆，我可以跟你聊一聊嗎？」

我拉了把椅子請她坐下：「怎麼啦？你看起來很累的樣子欸。」小莉看了看我：「我覺得當你的部屬好累喔，每天都睡眠不足，以前回到家，只要煮好飯、把小孩照顧好，就可以上床睡覺了，可是自從你弄了一個什麼成長計劃之後，我的日子就變得好慘，全家人都已經上床了，只有我還在看書、寫心得報告，我昨天寫到兩點欸，我好累喔！嗚…嗚…」她居然趴在桌上哭起來了！

我看了雖然有些不捨，但也覺得這麼純真自然的個性真是可愛極了，不禁噗嗤地笑了出來。我的反應卻讓小莉更生氣了：「你有沒有同情心啊，我會這麼難過還不是都是你害的！」我只好跟她撒個嬌：「好嘛，對不起嘛，都是我的錯，我實在太不應該了……」我作勢在空中狠狠地甩了自己兩耳光，附加音效啪啪兩聲，誇張的舉動終於讓小莉破涕而笑了。

我調整了一下坐姿，問了小莉一個問題：「有什麼是我可以幫你做的嗎？」小莉吞吞吐吐：「我……我……我想退出成長計劃……」我毫不考慮的回答她：「當然可以呀，就這麼簡單啊！」小莉驚訝地看著我：「真的嗎？我以為你會拒絕我耶，早知道你人這麼好，我就不用折磨自己這麼久了。」她欣喜若狂傳了幾個飛吻給我。

「為什麼覺得我會拒絕你？」小莉回答我：「第一，你應該會覺得我這樣很沒有團隊精神，你很難跟其他的同仁交代，第二，我覺得主管在這種時候都還是會強調什麼『不進則退』，或是會用『在職場上沒有不進步的權利』之類的話來威脅員工啊！唉呀，總之你最好了！」

我回答小莉：「我跟你講一下我的想法，第一，現在我只在乎你對這個計劃的感覺和你的決定，別人怎麼想，不是重點。第二，你當然有權利拒絕成長，但是，別忘了，我也有權利開除你！」

小莉聽到「開除」兩個字，眼睛睜得好大，在她快要掉眼淚前我繼續說：「你先別急著哭，我不是真的要開除你，我只想幫你釐清一下你的決定會帶來什麼可能的結果。」她點點頭，繼續聽我說：「過去的三個月以來，你有什麼樣的感覺？」

「只有痛苦，」她倒回答得乾脆。「除了痛苦呢？有沒有什麼新的發現？例如，發現自己喜歡做什麼，不喜歡做什麼？」小莉抬起頭，陷入沉思：「說真的，你不可以笑我，也不可以瞧不起我喔，我發覺我最喜歡做的事就是每天準時下班，為先生和小孩煮一桌的好菜，我看他們吃得飽飽的，我就好滿足喔！」小莉想起了家人，滿臉的幸福洋溢。

「這種滿足感，跟你在工作中完成一件報告而且受到別人讚賞的那種感覺，兩

相比較之下，你覺得如何？」

「這當然不能比較啊！坦白說，在這段時間裡，我雖然過得很痛苦，但我越來越清楚我要的是什麼，我不想在職場上為了跟別人競爭而犧牲了我對家人的付出，我只想安安穩穩地保有一份工作和穩定的收入，其實，家庭主婦才是我人生中最重要的角色。」聽到這兒，我對著小莉拍了拍手：「恭喜你，小莉，知道自己要的是什麼，這就是你這三個月的成長啊！」小莉懷疑的看著我：「你是說，拒絕成長也是一種成長嗎？」

我進一步跟小莉解釋：「每個人在一生中都會扮演不同的角色，你想成為什麼樣的人，想如何過你的人生，這是你自己的功課，沒有人能替你做決定。但是，當你做的決定會影響到他人的時候，你必須要理解，他人也有權利為了你的決定做出屬於他自己的決定，所以你一定要懂得先做好風險評估。」我接著問她：「如果你在工作中放棄了成長，可能會有什麼後果？」

小莉想了想：「可能加薪的幅度會比別人少吧！」我回應她：「你說得很對，

還有，你可能會面對工作年資比你淺，年紀比你輕的主管，你可以接受這件事嗎？到時候會不會抱怨我呢？」沒等她回答，我繼續說道：「我們來設想一下最差的狀況，有一天公司宣布裁員，如果你是主管，你會優先考慮裁哪一類員工？」她低著頭小聲地說：「可能就是我這一類的吧，成長慢，工作性質取代性又高的人啦！」

「如果有一天這件事情真的發生了，經濟的壓力會不會對你的家庭造成問題呢？」小莉望了望窗外：「看來這個問題比我想像中的複雜欸，我得回去跟我老公商量一下。」

過了兩天，小莉又出現在我面前，她臉上掛著許久不見的微笑：「我真是嫁對老公了耶，前天晚上，我們開了一個家庭會議，我說完我的問題之後，老公一言不發往書房走，我以為他會氣我成為他的累贅，沒想到他拿出存摺，跟我說：『老婆，這是我結婚前存的錢，我本來就希望你能每天在家做飯，可是結婚後你吵著要上班，我也就順著你的意思，你看看存摺，我想有這筆錢，就算你被公司裁掉了，我們省一點應該也過得去吧，我要你記住，不論你在工作上是個女強人還是個被人

嫌棄的米蟲，你都是我這輩子最愛的人。』」說到這裡，我和小莉都被這位好男人感動得掉下眼淚。女性主管就有這種好處，就算哭死了，也不會有人批評你是個「沒用的人」。

我擦了擦眼淚，對小莉說：「恭喜你，嫁了個好老公，所以你想清楚要退出成長計劃了？」小莉笑了笑：「沒有啦，我老公說本來工作就要盡力而為，有主管願意教我是我的福氣，但是如果我成長速度實在跟不上公司的要求，他要我到時別為難你，反正，我還是可以回家當個好太太呀！」

那次談話結束之後半年，我取得小莉的同意，將她的工作重新分配調整，小莉的安分守己和穩定性，剛好適合這樣的工作；幾年之後，她與新上任的年輕主管也相處得十分愉快。

我說完這個故事之後，看看麗芬，問她：「你得到答案了嗎？」麗芬果然是個聰慧的主管，她說：「錢老師，我懂了，我想主管最重要的職責是要教會員工如何分析問題，做出最適當的決策，並且勇於承擔決策後的風險，而不是一味的強迫部屬屈服於自己的想法與價值觀，難怪我會和部屬搞得水火不容的，唉！」

喝完了咖啡，我們互道晚安。我看著麗芬的背影，心裡想，希望今晚她能夠好好的睡上一覺。

三天之後，麗芬寄來了一封e-mail，上頭寫著：「謝謝您的咖啡及故事，我和那位員工在長談之後，終於重拾往日的情誼，我想我們彼此都獲得了解放。對了，我終於又可以好好的睡覺了！」

《心靈便利貼》

給部屬的話：

◎當你要求主管負起培養你的責任時，先問問自己：「我準備好要開始學習與成長了嗎？」

◎成長總是伴隨著痛苦，成長越大、痛苦必然也越大，如果你拒絕接受痛苦，那就等於放棄了成長。

◎不要盲目地活在他人的期待中，仔細想想自己要的究竟是什麼？在做好風險控管後，就要有勇氣承擔後果。

給主管的話：

◎不要過度把部屬成長的責任扛在自己的身上，你該做的是為他鋪路，給他機會，帶領他清楚地思考，而不是牽著他的手，走一條他不認同的路。

◎當你為部屬付出的時候，不要老想著別人的回報，因為這是你自己願意去做的，當結果不如預期的時候，也要學著釋懷，不要把它當成是一種傷害。

◎部屬有權利為自己的人生做出決定，但不表示你只能容忍或接受，別忘了，你也有決定權，必要的時候要勇敢做出決定。

◎你之所以能夠成為主管，在正常的情況下，是因為你比大多數人優秀，與部屬溝通的時候，切記，不要隨著部屬的情緒起舞，解決問題除了要靠智慧還要有幽默感。

競爭力升級，Action

◎ 以下問題，思考後誠實寫下你的答案：

1.你準備好了接受成長的痛苦嗎？
2.什麼是你人生中最重要的角色？
3.你做好了成長或不成長的風險控管嗎？
4.家庭與工作真的無法同時兼顧嗎？

◎ 我的立即行動方案：

1.______________________________

2.______________________________

3.______________________________

7 辛苦工作不是美德

這幾年到企業講課，常看到學員一大早就帶著滿臉的疲倦走進教室，他們常私下跟我抱怨現在的工作真不是人幹的，負荷量已經大到讓人喘不過氣來，主管又不斷要求績效表現，在工作與家庭雙重的煎熬下，真不知自己還能夠撐多久？他們對於我的工作所擁有的自由與自主，感到相當羨慕，總是好奇的問我為何能擁有如此的際遇？每回聽到這樣的問題，我總是說，除了要靠一點點運氣之外，最重要的還是要靠「聰明工作法」。

我第一份正式的企業人資工作，是在一家知名的房仲公司擔任教育訓練部門的基層小主管，我的工作是負責規劃全公司的學習與培育計劃，並督導課程的執行品質。我愛死了這份工作，到底有多愛？可以從我第一年「回顧與展望」的題目——

「我在天堂裡工作！」便可窺知一二了（註）。

這份工作簡直是不可思議的棒，我常想，天底下怎麼會有這麼好的工作，當別人為了例行工作忙得焦頭爛額的時候，我卻能坐在教室裡聆聽各界精英人士的成功經驗，或者大剌剌地坐在位子上翻看著坊間的暢銷書，對我而言，每天的工作就像是在學習的大海裡快樂地游著、呼吸著，更過癮的是，公司還得付我薪水！因為太喜歡這個工作了，每天我總是忙到晚上八、九點，才驚覺早已過了下班時間；我總是用盡全力完成主管交代的每一份工作，我認為，唯有這樣才對得起這份薪水。

有一天，我正埋首於一份企劃案，突然隱約聽到有人發出輕微的笑聲，那笑聲似乎帶點嘲弄的味道。我抬起頭來，看見行銷部門的經理坐在我對面的位子上，我環顧四周，發現辦公室裡居然已經空無一人，我驚訝地問：「咦，人都跑到哪去了？」行銷經理笑了笑：「現在都九點了，人都下班了啦！」我才恍然大悟，繼續問道：「經理，你有事嗎？不好意思，我剛剛沒注意到你走過來，是不是有什麼事需要我幫忙？」他沒回答我的問題，只看了我一眼，才緩緩開口。

「你知道嗎？我已經注意你一陣子了，你是個有潛力的人，雖然你不是我部門的同仁，不過看在你表現得還不錯的份上，我決定提醒你一些事。」這位行銷經理是董事長眼前的大紅人，素以頭腦清楚、行動精準著稱，公司內外，凡是與他過過招的人，無一不敗下陣來，我當然很好奇他到底想對我說什麼。

「你猜猜看，過幾年之後，你會有什麼下場？」我歪著頭看著他，心想這是什麼鬼問題，不過還是滿懷信心地回答：「下場？像我這種有理想有抱負的年輕人，會有什麼下場，當然是升官加薪啦！哈哈！」正當我自得其樂，彷彿已經看到了未來美好的遠景的時候，這位經理卻大聲說：「錯，你只會有兩種下場，一是過勞死！二，就算你沒早死也永遠升不了官。」

我聽了真的很氣，這位仁兄幹麼沒事觸我霉頭啊！我不服氣地說：「我才不相信咧，如果連我這種人都升不了官，這公司還有天良嗎？」這時，經理拿著原先把弄在手上的原子筆狠狠地往我的頭上敲了兩下：「拜託你用點腦想一想好不好，我再問你幾個問題，你是不是每件事都全力以赴？到現在為止，今年你做得最好的是哪件事？」我不假思索地回答：「我當然是全力以赴啊，我敢說我每件事都做得不錯啊。」

「所以我說你會過勞死嘛，你現在年輕，可以有大量的體力，但是像你這樣，只知道傻傻的往前衝，每天做到筋疲力竭，沒有時間運動、調養生息，你能有幾年好活？」我想了想，好像也對，我常常下了班一進家門，連換衣服的力氣都沒有，就躺在床上昏睡到隔天早上，而且，最近又患了偏頭痛的毛病。

經理又問：「老闆交代你的事，你該做到幾分？」我很自豪的說：「我是一個要求完美的人，所以每件事都盡力做到一百分啊。」經理用力地搖搖頭，又嘆了口氣。

「你真的該好好想想，我只不過大你幾歲，為什麼我已經是個部門經理，你還是個苦哈哈的小主管？」他瞪了我一眼繼續說：「傻子潛水艇，我跟你說啊，如果是老闆所重視的事，你不能只做到一百分，因為對老闆而言，這件事這麼重要，你做到一百分是天經地義的事，他絕對不會滿意的，所以一定要卯足全力，至少做

到兩百分，他才會覺得你是個天才，是個寶嘛！」這時，我還是覺得很疑惑：「可是，老闆不會看在我每件事都盡心盡力的份上，幫我加薪升官嗎？」經理笑了笑，「如果我是總經理，我只會為你的苦力加一點薪，至於升官，免談！」他果然是個冷血的狠角色。

「為什麼要這樣對我？」他理所當然地回答：「當然不能升官啦，第一，你做事沒重點，只知道拚蠻力，所以持續力會有問題；第二，『每件事』都盡力做到一百分，我才不相信咧，這代表你沒有『傑出的作品』，是個平庸的人才，你知道你現在已經是個小主管，在你所負責的工作中，不是每件事都需要達到一百分，因為公司的資源有限，我們必須拉高思維的層次，用老闆的角度思考，哪一件事對公司的經營不會有太大的影響，這一類的事情搞不好必須要刪除，或者維持現狀就好，不要動用太多的人力與時間處理它。但是，那些對組織績效或經營結果具有關鍵影響性的任務，你就必須集中精力、投入資源、動員人力，務必要創造出令人驚豔讚嘆的成績，這樣的主管對組織才有貢獻，才是值得提拔的，你懂了嗎？」

我點點頭，我想我需要好好反省一下，經理這時起身準備離開，我問了最後一個問題：「你剛剛幹麼叫我潛水艇啊？」他往前走，頭也不回地說：「你再不開竅的話，這輩子啊，永遠只是個潛水艇，有潛力，但是上不來的啦！」他的大嗓門劃破了辦公室的寧靜，留下我一人呆坐在位子上沉思。

第二天一早，我的偏頭痛又犯了，這個症狀已經持續了一個月，跑了許多的診所、吞了好幾包的普拿疼，卻始終不見改善。這天起床，頭疼欲裂，我幾乎懷疑自己是不是長了腦瘤，到台大醫院掛了號，好不容易等了兩個多小時終於輪到我。一進入診間，還來不及坐下來，就痛苦地跟醫師求救。

「醫師，你快幫我看看，我是不是得了腦瘤，我快死了！」年約五十的醫師給了我一個笑容，但這笑容，跟行銷經理一樣，居然也帶著嘲弄的味道。他盯著我說：「你沒得腦瘤啦，我看你走進來的樣子就知道了，你可以回去了，我不會開藥給你的。」

我幾乎不敢相信我的耳朵，我幾近哀求的說：「不行不行，你一定要開藥給我

啦，不然我會痛死的。」醫師拿下了他的眼鏡，正色說道：「我猜，你應該是一個追求完美的人，這種人我看多了，我現在給你一個解藥，你聽好囉，那就是，從現在開始，休假兩個禮拜，這期間不能接公司的電話，你唯一要做的事就是放鬆、放鬆、再放鬆。」

「一定要這樣嗎？我有好多事要做欸……好吧，我今天下午先去公司交接一下，但是拜託你，起碼先給我三天的藥好不好？」醫師露出不耐煩的表情，嚴厲地說：「交接什麼啊，不准去，你們這種人就是這樣，老是放大自己的重要性，你以為你是誰呀，有這麼了不起嗎？你再繼續這樣試試看，到時候死了不要怪我！」我嚇了一大跳，心想這醫師未免太兇了吧，但是坦白說，我真的好怕自己英年早逝，決定乖乖聽話。

「好，我一定不會進公司，也不會再接公司的電話，那，你可以告訴我，兩周之後，我真的會康復嗎？」醫師看著我，語氣比剛剛緩和了一些：「我不知道你會不會好，但是至少，兩周之後，你會發現一個殘酷的事實。」

「事實？那是什麼？」，我迫不及待想知道答案，醫師緩緩回答：「那就是，公司沒有你，真—的—不—會—倒！」台大醫師的話狠狠地敲醒了我，出了診療室，站在走廊看著熙來攘往的病患，我決定，這兩個禮拜，我要徹徹底底的改變。

我背起了背包，搭著火車，漫無目的到處看山看海。一天晚上，在滿天星斗之下，聽著洶湧的海濤聲，過去的日子一幕幕浮現在眼前，想著想著，我突然哭了起來。原來，這麼多年以來，我是如此粗糙地對待自己，不僅如此，我的部屬也因為我對工作的狂熱，被迫過著沒有品質的人生。剎那之間，我覺得我真是「罪孽深重」。

兩個禮拜過去了，頭疼不藥而癒，回到公司我做了兩件事：第一，要求同仁日後不得加班。他們說，我果然病得不輕，把腦子搞壞了！第二，和每位部屬把各自手上所有的工作，依照組織的需求做了輕重緩急或刪除的分類，當然也包括明確訂出任務的要求。

誰說工作一定要埋頭苦幹呢？行銷經理與台大醫師的一席話，成功地救贖了

我，自此以後，我更懂得如何運用聰明的方法，在工作中充分享受人生。

我衷心的感謝這兩位，他們是我生命中的貴人。

註：每年年底，公司規定每位員工都必須要針對自己過去的一年進行回顧，同時也要寫下對於新的一年的展望，聽說董事長都會親自閱讀這些報告。

《心靈便利貼》

◎工作不要用蠻力，多跟那些輕輕鬆鬆就能有好成績的聰明人，請教成功的祕訣。

◎不要以為公司少不了你，與其盲目地消耗自己，不如拉高思維層次，想想，如果你是老闆，手上的工作有存在的價值？有完成的必要嗎？

◎如果你是主管，請小心，不要讓工作的狂熱覆蓋了你的思考，有些事，真的不用做到一百分，放了你自己，也放了部屬吧！

◎不要以為辛苦工作一定是個美德，如果你浪費了公司的資源卻沒有太大貢獻，這樣的員工永遠只是個潛水艇。

◎重視身體發出的警訊，解藥也許就在一念之間。

競爭力升級，Action

◎ 以下問題，思考後誠實寫下你的答案：

1.在工作中，你覺得辛苦嗎？為什麼？
2.你目前所做的工作，對公司的價值何在？
3.有哪些工作可以簡化或刪除的呢？
4.你累了嗎？你是否過度透支了你的體力？

◎ 我的立即行動方案：

1 ______________________________

2.______________________________

3.______________________________

8 他怎麼老是請病假？

上「教練輔導技巧」課程的時候，有一位主管提出一個問題。她說：「我有一位部屬，老是請病假，我提醒他好幾次，但情況還是沒有改變，我很擔心其他的員工會有樣學樣，這種情況該怎麼處理呢？」

我開放了這個問題讓學員發表意見，有人說：「依公司規定處理就好啦！」也有人說：「給他最後通牒，告訴他只要再發生一次，你就會開除他，看他下次還敢不敢這樣。」馬上有人提出反對的意見：「如果他是真的生病了，這樣會不會太不人道了啊？」在討論的過程中，很有趣的自然形成了「鴿派」與「鷹派」，在雙方僵持不下的時候，我和他們分享了一個故事。

淑惠是我的部屬，也是我相當信任的幹部，坦白說，她不算聰明，但是認真負責，總是盡自己最大的努力把手上的工作做到最好。

為了組織能夠更快速地發展，我依年度計劃引進了一位新血——佩宜，幾年前我們曾經共事過，合作的默契自然不在話下。佩宜一向聰明伶俐，總是有辦法用最短的時間毫不費力的完成工作，並且屢有令人驚豔的成績。

找佩宜進來，並不是想取代淑惠，她們各自負責不同的部門，我希望她們可以互相學習，和我一起創造更好的績效。但組織裡總有一些好事分子，不斷散播流言，說以佩宜和我的關係，不要多久，她就會成為淑惠的主管。我擔心會造成誤會，親自跟淑惠做了一些說明，她請我放心，說那些傳言不會對她造成影響。

幾個月後，淑惠的表現一落千丈，原本對她而言駕輕就熟的工作，竟一再出錯。我問她是不是最近家裡有什麼事讓她無法專心工作，小孩生病了？還是每天在台北和桃園之間通勤太累？她總是搖搖頭，說她一定會調整過來的。

淑惠的工作狀況一直沒有改善，我想不透，這是她最熟悉的工作啊，為什麼會表現得像個新手一樣呢？就在我摸不著頭緒的時候，她開始請病假了。

而我也在觀察記錄了一段時間之後發現，只要有會議，當天早上一定會接到淑惠老公打來代她請假的電話。於是我猜測淑惠一定正經歷著某些壓力，而這個壓力就是造成她能力退化與逃避的主要原因。

下班前，我寫了一封e-mail給淑惠，除了列出工作上的一些問題外，最後，我寫了這麼一段話：「淑惠，我不知道你最近怎麼了，做事完全沒有自信，這不是你，我懷念以前那個動作快又負責的淑惠，到底發生了什麼事？告訴我該怎麼幫你好嗎？」最近這段時間她明顯地逃避我，其實我沒有太大的把握，這封信能夠讓事情有所進展。

第二天上班，打開電腦一看，她回了一封好長的e-mail。

「看到這封信，我整個人真的崩潰了，因為您所說得都沒有錯，都說中了我的要害，我哭，不是因為您的指正而生氣，而是因為我慚愧、難過、心慌、不知所措又充滿感激，因為您是對我很好的主管。照常理，主管對我越好，我應該更要好好的表現，可是現在我卻一直在退步。我知道您一直想要讓我能有所作為與表現，您對我的好，我都知道，就是因為自己對自己有期待，就是因為您肯給我機會，但看看自己最近的表現，真的很害怕，但更可怕的是，我竟無法知道自己怎麼了，我越是想做好，可是，就是做不出個像樣的作品。」

「我想振作，但就是理不出個頭緒。說真的，其實每件事我都有放在心上，也都有規劃，但是我竟完全整理不出頭緒，想得不夠周延，做出來的東西不倫不類，更不敢拿出來報告，自然跟您說話就會很害怕，因為我沒有準備好呀……就像小時候，老師在課堂上抽問時還沒準備好會很害怕的感覺是一樣的。很謝謝您還願意花時間告訴我您對我的看法，至少我知道您還願意教我，可是我知道最大的問題在自己，但我還不知道癥結所在。」

「記得上一封信，您曾告訴我一些需要釐清的方向，我一直沒回，那是因為我還沒有釐清。其實我也很想回到以前的我，也很懷念以前跟您互動的時光，現在看到佩宜可以與您節奏一致、與您暢談專案，可以獨立作業，可以讓您放心，可是自己越來越在狀況外……我想回來，我真的想回來，但我真的找不到路。真的真的

很謝謝您的這封e-mail，因為這封e-mail，讓我覺得您還沒放棄我，我知道工作不會等我，但我真的需要時間，我想找出問題點。請相信我，我真的很想好好表現，再給我一點時間去思考，我會盡量讓自己在最短的時間內找出問題，找到原來的自己……」

看完了這封信，我一個人關在會議室裡難過了好久，她的痛苦讓我好心疼，如果她的壓力、她的退化是我造成的，我想我無法原諒自己。

我走到淑惠的座位旁，拉起她的手往外走，她嚇了一跳：「要去客戶那裡嗎？我什麼都沒準備欸。」我向她使了個眼色，小聲地說：「噓，我帶你出去玩。」在停車場我打了一通電話，請助理把今天的會議全部取消，這個時候，我知道我得用另一種方法才能發掘問題的所在。

我們離開了市區，到近郊泡溫泉、吃野菜，然後到了一家五星級飯店喝下午茶。因為是上班時間，飯店裡沒什麼人，淑惠喝了一口咖啡，突然掉下了兩行眼淚，我趕忙安慰她說：「你怎麼了，我看你這樣，我都想哭了，你是不是給自己太大的壓力了？」淑惠一邊擦著眼淚一邊說：「沒有啦，我覺得今天好幸福喔，這是今年以來，第一次有這麼輕鬆的感覺！謝謝你！」

她繼續說著：「其實，我最近一直很害怕，你知道嗎？我覺得我好像生病了，雖然在公司我極力表現得像個正常人，可是，每天下班坐上火車之後，不知道為什麼，眼淚總不聽使喚地掉下來。最近，我好像找不到任何可以快樂起來的理由，更恐怖的是，我的手最近常常不由自主地發抖；回到家，跟一大家子的人相處，我也覺得好累，但又不能不強顏歡笑，老公也不太諒解我，認為我是因為不想住在鄉下，不想跟公婆住。唉！我真不知道我還能撐多久？」

淑惠從小生長在台北都會，結婚之後有了小孩，最近應夫家的要求，剛搬回桃園鄉下跟公婆及大哥一家同住。我問她跟他們相處得如何，她苦笑說：「其實，我婆婆真的很好，只是，嫂子常罵我欸！」我相信有這個可能，因為淑惠生性善良，一副好欺負的樣子。

「嫂子負責全家的三餐，我不好意思不幫忙，可是我真的不會做菜啊，只好

站在她旁邊聽候差遣。有一次，她要我到田裡去拔棵蔥，我緊張得要死，站在田埂旁，哪知道蔥長什麼樣啊，只好隨便拔了一把綠綠的東西回去。結果，嫂子在所有家人的面前數落我：『念到碩士有什麼用啊，蔥跟蒜都搞不清楚，真不曉得你媽怎麼教你的！』」

「別理她，臉皮厚一點就好啦，不要讓她影響你的心情，」我試著安慰她，但淑惠搖搖頭：「我真的沒有辦法像你這麼豁達，唉，我就是沒有辦法不在意別人的看法。」

傍晚，我送淑惠上了火車，那天，她答應我一件事——去看心理醫師。

淑惠後來告訴我，經過醫師診斷，她得了自律神經失調的毛病，還好情況不嚴重，否則恐怕會引發憂鬱症。在醫師的協助下，淑惠釐清了她多重壓力的來源。在生活上，她取得了夫家的支持，暫時跟老公小孩搬回娘家，她又重回當女兒的輕鬆與幸福；在工作上，我也做了一些調整，放寬要求的標準，在背後偷偷幫她修改出錯的地方，我知道，在這個階段，「支持」是使她康復的最好藥方。

四個月後，我好高興，因為，那個我喜歡的、欣賞的、有自信的淑惠終於找到路，回來了！

正當我為淑惠、也為自己感到高興的時候，我的老闆把我叫進辦公室，狠狠地罵了我一頓，原來，有人告訴他我帶著淑惠跑出去玩的事。儘管我跟他解釋了原因，他還是認為我公然帶著員工「偷」公司的時間，就是一件不對的事。而我卻認為「管理的手段」本來就該靈活、創意的運用，重要的是，問題有沒有被解決？我該完成的工作有沒有被耽誤？更何況那天，我花的是我自己的錢欸。最後，我跟老闆說出去的那天就當成我的休假日好了，我自願扣假一天，他才勉強放我一馬，不再碎碎念。

走出辦公室，淑惠聽到風聲跑來跟我說：「真對不起，害你被罵。」我聳聳肩，心想，我跟這位先生一向不合，他的話我才不會放在心上咧。

我拍了淑惠的肩膀說：「沒關係啦，反正我臉皮厚，哈哈！」

《心靈便利貼》

◎行為的產生，必然有其背後的原因，不要只解決眼前的表象，看不到的部分，往往才是問題的癥結點。

◎關心你的部屬，就從觀察與記錄做起。

◎生理與心理會彼此影響，當員工經常請病假時，可能是心理疾病的開始。

◎容許員工有生病的權利，給他一些時間，因為，只有健康的員工才有漂亮持久的績效，這絕對是一件划算的交易。

◎領導者的功能在於為組織解決問題、帶來績效，不要盲目的把自己鎖在「公文規章」的框架中，不懂得應變的「稻草人」，不會是個好主管。

◎堅持做對的事，如果遭到別人的不諒解，那就學著淡然處之吧！

競爭力升級，Action

◎ 以下問題，思考後誠實寫下你的答案：

1.你或你所帶領的部屬中，是否有績效表現退化的現象？

2.你曾認真的觀察及思考，部屬（或自己）績效表現不佳的真正原因？

3.你的對策能夠有效的改善部屬（或自己）的績效嗎？

◎ 我的立即行動方案:

1.______________________________

2.______________________________

3.______________________________

9 松鼠為什麼不爬樹？

森林裡有一家名為「摩適里」的企業，創辦者啄木鳥先生是位德高望重的企業家，在這十年間，他訓練了一群優秀的員工，運用與生俱來的天賦，每天為客戶清除樹上的寄生蟲，讓這裡的樹木長得又高大又健康。啄木鳥先生不僅讓「摩適里」贏得「樹木醫生」的美譽，也為自己賺進了大筆的財富。

然而，正當啄木鳥先生計劃交棒的時候，「摩適里」遭遇到創立公司以來最大的經營危機。因為這幾年來人類的濫墾濫伐，使得森林裡的樹木大幅減少，這裡再也不是以前的那個伊甸園了。於是，啄木鳥先生打算利用這個周末，召集各部門主管舉辦一場「迎向挑戰」的策略研討營，希望能夠在大家的集思廣益下，找出「摩適里」未來永續經營的方向。

經過一天一夜的討論，「摩適里」打算因應市場的變化，開始多角化經營，除了縮編原有的經營項目外，另外增加新的事業部——代客摘果服務事業部。因為啄木鳥先生不忍心開除跟了他將近十年的老員工，於是指示各部門主管想辦法，在原有的工作中安排出適當的位置。在得到大家的共識之後，啄木鳥先生指派他的祕書——火雞小姐安妮，擔任新事業部執行長的工作。

安妮在「摩適里」可以說是黨國元老，深受啄木鳥先生的喜愛與信任，啄木鳥先生深信，安妮所具備的細心及客戶導向的特質，一定可以為這個新的事業部開創出很好的成績。

安妮上任的第一件事，便是要求主管們大舉向外招聘人才，尤其最近聽說許多同業無法撐過景氣的寒冬，紛紛打算關門歇業，安妮更要主管們鎖定這些在公司表現良好的員工，進行大規模的挖角動作。

這一天，在管理會議中，安妮檢視兩個禮拜以來的招募成果，她發現，新人來自四面八方，有長頸鹿、火雞、小豬、猴子，甚至還有烏龜，安妮覺得有些不對

勁，歪著頭問主管們：「這些新人會爬樹嗎？」業務部副理啄木鳥阿邦說：「安妮，你不用擔心，這些新人都是我們特別挖角來的，他們在原來的公司裡可是一等一的人才啊，況且，我們可以請訓練部門規劃課程，讓他們好好學習爬樹和摘果啊！」安妮點點頭，但還是不放心地問：「接下來，我們還缺什麼人才呢？」大家七嘴八舌討論著，最後，阿邦大聲地說：「對了，找松鼠吧！他們最會爬樹了，這樣一來，連訓練費用都省下來了呢！」於是，阿邦的提議獲得大家的共識。

森林裡出現了徵才廣告：「高薪招聘儲備幹部——只要您是松鼠，歡迎成為摩適里的事業夥伴。」消息一發出，立刻成功吸引了許多松鼠加入。

為了加速業務的推展，安妮把新人分為兩大組，松鼠直接進入工作崗位，其他的動物則被安排接受兩周的培訓課程，安妮滿心期待著，只要新員工上手了，業績必定會蒸蒸日上。然而事情並不如預料中順利，主管們紛紛回報，這批松鼠既難管理又不努力工作；至於其他的動物，即使經過培訓也無法勝任工作，面對新事業部的業績壓力，安妮依然一籌莫展，啄木鳥先生決定親自召開業績檢討會議。

啄木鳥先生嚴肅地看著所有主管。「各位，我相信大家都知道，我們目前正經歷著一場危機，公司把所有的希望都放在『代客摘果服務事業部』上，但各位最近的表現實在令我失望，這到底是怎麼一回事呢？」主管們面面相覷，安妮首先發言：「我們花了許多的心血招聘新進員工，而我們也順利的找到所需要的員工——松鼠。可是，沒有想到，這批松鼠真的是跌破我們的眼鏡，有些不僅不服從主管的命令，還故意爬得慢，甚至有些還偷懶不爬樹呢。」

「對、對、對，」其他的主管附和著：「我想是我們的管理出了問題，我們得對這些松鼠更嚴格些才行。」啄木鳥先生接著問：「那其他的員工呢？我們花了那麼多的培訓費用，效果到底如何呢？」安妮嘆了口氣：「那些員工真的不能用，無論我們如何用心的教導，員工還是學不會，真不知道他們在原來的公司是怎麼工作的，為了節省公司成本，結訓之後，我把他們都開除了。」

「什麼？開除？難道沒有適合他們的工作嗎？」啄木鳥先生非常震驚，這麼重要的事，安妮居然沒有事先向他報告，十年以來，公司可是沒有開除過任何一位員

工啊。安妮馬上解釋：「很抱歉沒有事先向您報告，但，大環境改變得實在很快，我必須當機立斷，請您相信我，再給我一點時間，我一定會交出好成績的。」看著安妮如此堅持，啄木鳥先生選擇耐著性子，再等一段時間吧。

摩適里的財務狀況越來越差，啄木鳥先生對於安妮的信任，並沒有換來業務的成長，身為最高主管的他陷入兩難：「我該換掉她嗎？我該插手管理嗎？」安妮曾經是啄木鳥先生最得力的助手，把她換掉，無異是向大家宣告，當初的任用決策是錯誤的，這可是會損及領導地位啊！啄木鳥先生搖搖頭，領導人的自尊讓他無法做出這樣的決定，但是繼續這樣下去，公司早晚會撐不下去。思考再三，啄木鳥先生決定先派資訊蒐集部的蜜蜂小兵到現場了解實際的狀況再說。

過了幾天，小兵帶著松鼠阿里進入啄木鳥先生的辦公室。原來，阿里即將離職了，小兵認為有些訊息得讓啄木鳥先生知道才行。小兵拍了拍阿里，要他放心地說出想法，阿里連續咳了好幾聲，看來身體不太舒服，啄木鳥先生關心地問道：「阿里，你怎麼了，是不是工作太累，所以想離職？」阿里頓時眼眶泛紅：「不瞞您說，在這裡工作實在是身心俱疲，大家私底下都說，摩適里簡直就是『磨死你』，另外，缺乏成就感，這也是大家想離開的原因啊。」啄木鳥先生非常訝異地繼續問道：「摩適里是個聲譽卓著的企業，我一直以為在這裡工作的員工都會引以為榮才是，到底發生了什麼事呢？」

「其實，有三件事情是造成松鼠們紛紛離職的原因：第一，您知道ＳＯＰ（標準作業流程）的事嗎？」啄木鳥先生回答：「我知道啊，安妮為了讓大家能夠早點進入狀況，特別把工作流程制定出來，這可是為了你們著想啊！」

「可是，在制定流程的時候，沒有一位松鼠受邀參加工作會議，是阿邦自己悶著頭、獨力完成的，阿邦是隻啄木鳥，他哪裡知道松鼠該怎麼爬樹，怎麼摘果啊？您該看一看工作手冊的，沒有一隻松鼠會用啄木鳥的方法爬樹的，這實在太荒謬了！」阿里才一說完，這才想到，他現在所面對的主管，也是一隻啄木鳥呢！氣氛頓時有些尷尬，沉默了幾秒鐘之後，啄木鳥先生又問：「安妮是個細心的主管，你們可以向她反映這些情況啊！」

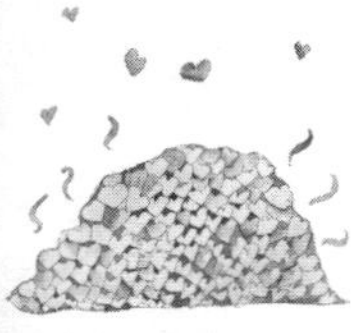

「我們反映過了，可是沒有用，安妮要我們先依據ＳＯＰ進行工作，她還說，『服從』是這裡的文化，要我們先融入公司文化再說。」

「安妮的確是個服從性很高的部屬，但這也是她的優點啊！那第二件事呢？」

「這也跟安妮有關，她也許是個好部屬、好祕書，但是，恕我直言，她絕對不是位好主管。」啄木鳥先生覺得這句話好刺耳，阿里似乎是在指責他，但為了了解真相，啄木鳥先生只好耐住性子，繼續聽下去。

「我想公司找我們進來，無非是認為松鼠天生會爬樹吧，但是，啄木鳥先生，您知道，安妮卻找來跟她一樣的一群火雞當我們的主管啊！」

「火雞有什麼不對呢？只要能夠善用你們的長才，火雞也會是個好主管的。」啄木鳥先生不以為然地想糾正阿里的觀念，就像他自己一樣，公司裡擁有各種不同的動物員工，這麼多年以來，他還不是照樣能夠領導大家，建立起成功的企業王國，想到這，啄木鳥先生不禁感到驕傲了起來。

「您說得沒錯，但問題是，這群主管每天只會在樹底下鬼叫，一會兒叫我們向左爬，一會兒又要我們向右爬，還說他們雖然沒有實際爬過樹，但是，以他們的年資，看松鼠們爬樹的經驗卻遠超過我們的年齡。火雞們說，光憑這一點，我們就得乖乖聽他們的指揮！」阿里一邊說著，一邊回想起以前工作的情形，面對這群不專業的主管，松鼠們總覺得喪失了專業的尊嚴，然而在無力反抗的情況下，大夥兒只好過著行屍走肉般的生活。「主管怎麼說，我們就怎麼做吧，管他說得對不對，反正，公司的績效又不是我們的事。」松鼠們發覺，似乎唯有麻痺自己，日子才會好過一些。

啄木鳥先生越聽心情越沉重，他總算有些明白，為什麼這群松鼠不好好爬樹了。但是，從另一個角度想，難道這都是主管的錯嗎？公司養了那麼多的松鼠，卻只能產生這麼少的業績，難道，松鼠們不需要自我反省嗎？啄木鳥先生決定好好的質問眼前這位部屬。

「阿里，你知道嗎，公司或許犯了些錯誤，但是，員工也需要勇於負責，我們聘僱了一百隻松鼠，但是你們每個月的產值，實在是少得可憐，難道，松鼠們都沒

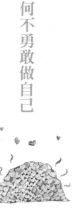

有錯嗎？」

「一百隻松鼠？哈哈哈！太好笑了……哈哈哈……」不知道為什麼，阿里居然捧腹大笑起來，小兵和啄木鳥先生瞪大眼睛看著阿里，幾分鐘過去，阿里總算鎮定了些，他喝了口水說：「這就是我要告訴你的第三個問題！」

「到底是怎麼一回事，你快說啊！」連小兵也迫不及待想知道答案。

「在本部門裡，其實只有十隻松鼠，哪裡有一百隻啊。哈哈哈！」

「這怎麼可能，其他的九十隻，不是松鼠是什麼呢？」啄木鳥先生十分生氣地問道。

「是火雞啊，老闆先生，就是你的那些火雞主管找進來的啊，他們根本沒有能力分辨出哪些是真正的松鼠，在面試時，只要披著松鼠皮，就能輕易騙過他們。況且，這群主管們老是喜歡找和自己相似的員工進來，這是森林裡大家都知道的事啊！」阿里說完，遞上離職申請表，深深吸了口氣說：「啊！真好，我總算可以脫離跟一群火雞一起工作的日子了。」

阿里走了，啄木鳥先生知道，現在，該是他好好整頓公司的時候了。

《心靈便利貼》

◎松鼠為什麼不爬樹？指責員工之前，先花些時間了解隱藏在問題背後的真相吧。

◎松鼠為什麼不爬樹？員工本身所具有的才能並不是產生績效的唯一保證；主管的領導模式、工作誘因、激勵方案、工作適任性、員工的意願，組織的支援系統等，都是影響績效的關鍵因素。

◎火雞當然可以成為松鼠的主管，但得先學會幾件事：

＊懂得分辨誰是松鼠：除了練好面談技巧外，運用科學化的評鑑工具也是必要的選擇。

＊知道如何善用松鼠：珍惜員工的才能，讓員工擁有工作自主權。

＊適時的閉嘴：如果不能激勵員工，但，至少，別再打擊他們吧。

◎過去的表現並不能保證下一個職位的成功，千萬不要以晉升做為犒賞員工績效表現的禮物，除非，你確定他擁有勝任該職位所需要的才能。

競爭力升級，Action

◎ 以下問題，思考後誠實寫下你的答案：

1.你知道如何有效的挑選「對」的員工嗎？
2.對你的組織而言，「對」的員工必須具備哪些才能？
3.你是否依據員工的才能，給予適當的工作自主權？

◎ 我的立即行動方案：

1.______________________________

2.______________________________

3.______________________________

10 用智慧面對命令

在職場，難免要面對與主管理念不合，但卻又不得不服從的痛苦與掙扎。初入社會的我，自以為是個有理想、有抱負的年輕人，因此，為了堅持所謂的專業理念，在工作中我經常扮演「槓子頭」的角色，也因此成為一些主管眼中「配合度不佳」的頭痛人物。對於這樣的定位，我不但不以為意，反而有些自豪，但，一次偶發的衝突事件，卻改變了我的想法。

那時，我負責人才培訓的工作，令我最不滿的是，每回召開業績檢討會議的時候，人力資源部門總會意外的成為業務部推卸責任的箭靶，最後的決議總不外乎是要人資部門提升選才效能，或是降低開課時數，似乎績效不佳與業務主管的領導能力完全無關。

這一天，我的直屬主管照例帶著我參加會議，進門前主管特別囑咐我在會議上千萬不要亂發言，我聳了聳肩，一副不置可否的樣子。在會議中，有一位業務主管針對當季業績下滑的原因，做了一場專案報告，一如往常，我所服務的人資部又成為眾矢之的，偏偏當時我的主管是位潛心修禪的中年男子，面對這種狀況總是微笑以對，默默忍受。在這個以業務主管為多數的會議中，大家七嘴八舌、高談闊論著，最後做出了兩個可笑的決議：一、請人資部深切檢討人才篩選機制。二、即日起，所有的訓練課程均調整至下班後開課，以便增加同仁開拓業務的時間。主席最後要求我的主管做出回應，所有的眼光集中在主管和我的身上，從這些眼神裡我看到的是一種推卸責任的詭詐，當我正在心裡唾棄這些行為的時候，這時，我的主管起身向大家很有禮貌的鞠了個躬，慢條斯理地說：「謝謝大家的指教，我們人資部一定會深切檢討，並且立即依照決議進行相關的調整，謝謝大家。」

主管的「虛心求教」贏得所有與會主管的點頭稱是，但當時自詡為熱血青年的我，哪裡能夠忍受這種「屈辱」，我拿出事先準備好的資料，在大家即將散去的時候，逕自走到講台上，提高音量說道：「耽誤各位主管兩分鐘時間好嗎？我有一份資料想提出來說明一下。」

會場頓時安靜下來，沒有人想到，我這個基層小主管，會在這個時候主動發言。在解釋完報表上的數據之後，我接著說：「從這些數據中，各位主管不難發現兩件事，第一，業務部整體的績效表現與當月的開課時數，一向沒有太大關聯。第二，夜間上課不僅學習效果差，同時也會影響區域訓練的執行及單位會議的召開，因此我建議各位主管應該針對業務部門內部的問題進行討論，不要總是拿本部門開刀，我想這樣對於業績的改善是無濟於事的。」話一說完，其中一位主管指著我破口大罵說：「你是誰啊，是誰准許你在這裡說話的，明明就是人資部門的錯，還在這裡狡辯，公司要人資部做什麼？」

這位主管的激烈反應，牽動了熱血青年維護部門榮譽的敏感神經。我馬上反擊：「直到今天，我才知道人資部門最重要的職責就是要為各位背黑鍋，你們可以無視於這些資料照樣維持決議，可是，很抱歉，我無法照辦。」主管拉拉我的袖

子，緊張得要我別再說話，會議就在尷尬的氣氛下草草結束。

我照樣維持既定的規劃執行培訓課程，某一天接近中午的時候，我接到了一通電話，素有「慈禧太后」之稱的女主管氣沖沖地問我：「Austina，不是已經說過要把所有的訓練移到晚上嗎？你是沒聽懂還是怎麼一回事？」正當我想進一步解釋，女主管又接著說：「還有，新人訓練的課程天數要縮減，太浪費時間了，我看，只需要保留技巧性的課程就好了。」我所服務的公司向來強調經營理念與組織文化的重要性，這是公司一直引以為傲的部分，做為公司文化的守護者（熱血青年一直是這麼天真的認為），我當然無法同意，於是我說：「主管，這個部分我沒有辦法做更改，我想你得在會議中提出來，由董事長及所有高階主管做出決議才好。」

我知道這種話題沒人敢在董事長面前提出，她只不過想藉由她的位階，找個替死鬼，好達成目的罷了，我才不會上當呢，我心裡這樣想著。這位女主管看我不肯就範，使出最後一招——搬出她的威權：「Austina，你只不是個小主管，我是協理，我要你這樣做，你照辦就是了，你得罪我，以後還想不想升官啊！」這樣的說法可把我惹火了：「公司給你這樣的職稱，不是要你拿來威脅我這個小老百姓的，如果你有膽量，就請直接請示董事長，不需要在這裡跟我大吼大叫的。」女主管簡直快氣瘋了，嘰哩呱啦地又大叫了起來，我索性把電話放在桌上不理她，繼續完成我的工作。

這時，主管經過我的身旁，好奇地拿起話筒，我心想，慘了，又要害主管挨罵了。只見我的主管紅著臉，還是那副謙卑的樣子，頻頻向女主管道歉：「是，是，都是我的錯，我會好好管教她的，對不起。」我雖然能理解主管與世無爭的心境，他認為事情的對錯可以留待時間證明，而立即的道歉卻能夠化解當下的衝突。但我卻不這樣想，當時我認為，對的事一定要據理力爭、捍衛到底，哪怕發生衝突也必須勇敢面對。這樣的想法造就了我「不畏威權，打死不讓」的性格。主管掛了電話，把我找進會議室，打算好好開導我一番。

主管看了看我，嘆口氣說：「拜託你不要再找我麻煩好嗎？既然業務主管有這樣的意見，我們就照辦啊，他們畢竟是我們的內部客戶啊！」我不死心，嘗試著

想讓主管了解我的看法：「雖然我們要有服務的精神，但做為一位專業幕僚，我們不也應該要有些專業的堅持嗎？」主管不耐煩地對我揮了揮手說：「你不要老是把『專業』掛在嘴邊，你怎麼確定你比他們專業？為什麼要把事情變得這麼複雜呢？」

「我也是為了公司好啊！大家都像鴕鳥一樣，不願意面對真正的問題，而我們明知道這樣做是不對的，卻違反自己的良知配合他們，這不是為虎作倀嗎？對不起，我真的辦不到。」我極力反駁著，也許是覺得委屈，說完之後，竟然傷心得趴在桌上大哭起來，不知過了多久，主管不發一語，悄悄地把門帶上，留下我一個人。

我脾氣來得急，也去得快，事情發生之後，我照樣快樂地上班。但漸漸地，我卻從別人口中得知我的主管因為我的不配合，幾次遭到其他主管們藉故修理，他什麼也沒跟我說，只是感覺比以前落寞了些。我想，他一定承受著很大的壓力。

我開始反省自己的行為，我在想，我的「專業堅持」是不是也是另一種虛榮？

我盡力維持所謂「不同流合汙」、「勇於抗拒權威」的形象，我做到了，但卻在無意間傷害了另一個無辜的人，我犧牲主管，只為了成就我的理念。而這種做法又與那位女性業務主管有什麼不同呢？想到這裡，為了向我那位善良的主管表達歉意，我決定改變策略來因應這不合理的命令。

第二天，我很乖巧地依照決議寫好簽呈，把所有當季的業務課程全部改為下班後舉行。只是，跟以往不同的是，為了讓這些主管也能體察「民間疾苦」，我故意安排他們擔任授課講師，而這些主管為了支持當初的決議，也只好簽名表示同意。同時我還附上新人訓練的調查表，詢問主管們是否認為有必要刪減理念課程，他們當然知道這份簽呈最後終會送到董事長手中，於是紛紛在簽呈上表示文化傳承的重要性，不同意刪除。這其中，當然也包括那位女性主管。這份文件，以很快的速度，得到了大家表面的一致支持。

這次的讓步，終於使得我的主管重新展現笑容，他以為我終於開竅，懂得「人在屋簷下，不得不低頭」的生存哲學。殊不知，這只不過是我的權宜之計，其實骨

子裡我的信仰一點也沒有任何動搖。我發現古人說得真的很好，所謂「山不轉路轉」，路，就好像是我們的心境或觀念，以往我就是個傻呼呼的熱血青年，開著信仰的列車，在危機四伏的道路上橫衝直撞，即使眼看著就要撞山了，也毫無所懼。可是，一轉念，想想列車上還有其他的人哪，每個人上車的目的不同，他們何苦為了我賠上他們所在乎的利益呢？在開往桃花源的路上，轉個彎，繞個路，即使遠了些，那風景，也許更好。

觀察每天的變化，讓上班變得更有趣了。果然正如我所料，不到兩個月，業務單位怨聲四起，同仁們開始抱怨夜間上課讓他們的體力透支，而擔任講師的主管們也早已疲累不堪，對於這樣的情況，我藏起以往的熱情，故意視而不見，聽而不聞。到了第三個月，在壓力鍋即將爆發之前，我悄悄地把課程回復到以往的時間，這一次，沒有任何一位主管打電話來抱怨，甚至，在某個角落相遇時，我還會得到一個個感激的眼神。那個不合理的決議，就這樣船過水無痕地，消失在大家刻意遺忘的記憶裡。

什麼是智慧？當眾人得意於你已向他們俯首稱臣的時候，你卻在低迴之中，藉著他們的劍，以劍為槳划進了桃花源，這，或許也是一種職場智慧吧！

《心靈便利貼》

◎年輕菜鳥最美好的特質便是那種不識人間險惡，堅持理想與正義的單純。如果你是主管，請包容他的魯莽，用他的一腔熱血，為企業注入生生不息的活力吧。

◎相信生存與理想可以並存，面臨阻礙的時候，轉個彎，在意料之外的風景中，品嘗不一樣的人生面貌，這也是一種學習。

◎越是處於逆境，越要懂得暫時放下我執，學習如何在順應大勢中造就自己的理想局面。

◎堅持不等於不變，低頭不等於放棄，在變與不變的交叉運用中，避開險阻，達成目標，這，是智慧。

競爭力升級，Action

◎ **以下問題，思考後誠實寫下你的答案：**

1.你目前正面臨著什麼樣的困境？
2.你習慣用蠻力還是用智慧解決問題？
3.你是否能夠轉個彎，用他人可以接受的方式解決問題？

◎ **我的立即行動方案：**

1.______________________________

2.______________________________

3.______________________________

11 職場脱逃記

擔任那麼多年的人力資源主管，從來沒有想過，居然會有那麼一天，自己會用這種方式離開企業。

我待在這家公司的時間其實並不長，甚至可以說，很短，但，這卻是我踏入職場以來，唯一一個無時無刻不想逃離的地方。雖然歷程是痛苦的，但，從另一方面來說，它也讓我更加確認，自己所堅持的工作價值觀到底是什麼。

這家公司素以高流動率著稱，在就任的前一個星期，一位人資界的朋友打電話來，想介紹一個工作機會給我，那個工作聽起來很吸引人，但因為我已經答應這家公司了，只好婉拒。朋友知道後大為吃驚，好心地責怪我為什麼做決定前不先徵詢他的意見，因為不久前，他才剛從這家公司離開，自有一番親身體會的經驗。在電

話中，朋友詳細地分享他的觀察，並且勸我還是不要白走這一遭。坦白說，朋友對這家公司的觀察與「江湖傳言」頗為一致，但，卻因此更加深了我的好奇心，我決心一探究竟，如同探險般地進入了這家企業。

上班的第一星期，我在兵荒馬亂中度過，每天從早忙到晚，只有一個「亂」字可以形容。因為缺乏完整的人資基礎建設，因此，就連尋找或確認一個簡單的資訊，都得花上大半天的工夫，這對我這個急性子、凡事講求效率的人來說，簡直是一大折磨。另外，在這裡，你永遠不會知道下一秒將會發生什麼事：命令經常在發布之後改了又改、工作的進度永遠趕不上每天的變化、修改了幾十遍的企劃案最後無疾而終……員工每天疲於奔命，最終可能一事無成，回到原地重新踏步。對於這些情形，我很好奇，員工為什麼不生氣？

過了兩星期，我參加每個月一次的高階主管經營會議，一進會議室，便嗅到了一股肅殺的味道，我和夥伴挑了一個最不起眼的位子坐下來。夥伴對我眨眨眼說：「這個事業處近兩個月虧得很慘，等一下有好戲看了，你可別出聲喔！」本來想接著問哪一位是新任的執行長時，會議就開始了。不過，很快的，在五分鐘之內，我已經知道在這個看起來豪華卻充滿血腥氣息的會議室中，誰是那個握有最大權力的領導者：一個跛扈的男人坐在正中的位子上晃呀晃的，嘴裡咬著原子筆，指著站在台前報告的主管大聲叫罵著。

我不清楚這位執行長的領導能力如何，但他那股氣勢與罵人的功夫的確令我嘆為觀止。那位站在台前的主管在他一連串中英文夾雜的髒話砲轟之下，毫無招架之力，他駝著背、滿頭白髮又一臉滄桑，瘦弱的身子甚至有些搖晃，彷彿在某一個瞬間就會隨時倒下似的，沒有人敢在這個時候搭救他。我看著這個身影，突然覺得有點悲涼，我相信，他也曾經是個戰場上的勇士，為這家企業立下不少汗馬功勞，但，在這個功利的時代，「績效」決定了你這個月是個「英雄」還是「狗熊」，那種老企業家與員工之間的情義似乎已成了遠古時代的遺物。如果會議室裡的氣氛可以用溫度比擬的話，當時大概只有攝氏零下三度，冷得教人直發抖。

出了會議室，我有種想吐的感覺，夥伴朝我笑了笑說：「怎麼樣，是場震撼教

育吧？」我有點納悶：「那位主管是誰啊，為什麼六、七十歲還要站在這裡，忍受這種屈辱呢？」夥伴張大了眼睛，打了我一下說：「拜託你好不好，他五十歲不到欸！」驚訝之餘我嘆了口氣：「人家說，歲月催人老，沒想到，三字經的功力更恐怖！」

我是真的想不透，為什麼五十歲的中年男子，可以為一家企業蒼老成這個樣子？這也算得上是一種犧牲欸！我跟夥伴抱怨，今天兩個小時所聽到的三字經，比我這輩子所聽到的加總起來還要多。這點讓我很不舒服，我無法想像，這是高學歷的知識分子該有的修養嗎？夥伴在進電梯前，拍了我的肩膀說：「你不要在意，習慣就好！」習慣？我張大了嘴，覺得更不可思議，這種壞毛病，我為什麼要習慣？就因為他是執行長？這難道不算是一種精神虐待嗎？剛剛一起開會的人魚貫走進電梯，大家談笑自若，看來，他們是真的習慣了。但我還是很好奇，他們，為什麼不生氣？

又過了一個月，有一天，我的主管急忙召集部門內幾位主要幹部開會。原來，每年一度的績效考核，照例要淘汰位於最後評等的五％，今年，因為新上任的執行長大筆一揮，把五％改成了二〇％，這意味著，擁有四萬名員工的公司，在這一波的「汰弱留強」中，將有八千名員工失去工作，執行的時間只有兩個禮拜。

我的主管匆匆宣布這項命令之後，便打算散會，而坐在我身旁的同事們，似乎也沒有任何疑問，準備開始捲起袖子執行命令，這一切，似乎都是那麼的理所當然。就在大家準備起身的時候，我喊了聲：「等一下，我有問題。」同事們訝異的看著我，我問道：「就這麼簡單嗎？我們是不是得去問問執行長，為什麼是二〇％？為什麼不是一〇％？或者，為什麼不是二五％ ？況且，為什麼每個事業處都是一樣的比率？我們執行裁員的策略、方法、還有流程是什麼？這些難道都不該考慮嗎？」

同事們聽完我一連串的問題，流露不耐煩的表情，他們皺著眉頭：「欸，執行長這樣交代一定有他的道理，況且，我們只有兩個禮拜的執行時間，三天之後，我們還得一個個的向執行長報告處理的數字與進度，你不快點動手，到時候倒楣

的可是你喔！」說完，同事們快速地衝出會議室，像極了一群訓練有素的工蟻。主管安慰我：「你也許還不習慣，不過，迅速行動和使命必達，一直是我們的優點，其實，執行長最在意的還是數字，你只要算出你這個事業處該被裁掉的人數，然後請各部門主管交出名單，並且按照進度執行就可以了。這個任務很簡單，一切以數字管理就行了。」是我想得太複雜嗎？在這項任務中，員工真的只是一個數字嗎？一個員工代表著一個家庭，我們真的可以如此簡單的看待這件事嗎？

「可是，員工績效不好，不一定全是員工本身的問題，況且，我們怎麼確定，主管不會傷及無辜呢？」我還是不死心地問，但這回，輪到我的老闆不耐煩了，他看著我說：「我知道你是一個很有想法的人，但這次任務緊急，你可不可以先做了再說呢？」我知道我再也無力抗拒，但心裡還存著最後的一絲希望，我不相信事業處總經理們對於這項突如其來的政策不會有意見，身為執行者的我，第一次，居然有了那種暗自期待政策停擺的矛盾與衝突。

過了兩天，我的心情跌落谷底，命令一發布，居然沒有一位總經理提出反對的意見，沒有人探討這項任務的意義與對錯，大家只急著弄出符合要求數字的名單。於是，在短短幾天之內，整個公司人心惶惶，陷入一片恐怖氣氛中，那一陣子，我覺得自己像個紅衛兵，每天得武裝自己，冷靜地向老闆們報告裁員的進度。至於員工的情緒，員工的生活，這些問題都不會被列入議程中，沒有人關心，也不會有人想討論。

有一次會議結束後，我在走廊巧遇部門內的一位同事，她是位資深的人資主管，這陣子，我們忙得沒有時間交談，擦身而過的短短幾秒之間，我隨口問了她：「還好嗎？最近在忙什麼？」我當然知道她和我一樣，忙著完成這項不愉快的任務，但，這位小姐，眼睛看著前方，面無表情的回答我：「忙什麼？忙著作孽啊！」她說得雲淡風輕。也許，這只是她的黑色幽默，但我卻站在原地傻了好幾秒，「作孽」這兩個字就像鐵鎚般狠狠地往我的心頭撞擊著，心好痛。什麼時候，我一輩子所引以為傲的工作，竟成了如此不堪的代名詞？我覺得心頭正在淌血。

「如果政策不能改變，可不可以容許我，執行的手法可以有人性一點，精緻一

點？」我想亡羊補牢，向我的主管爭取一點自主的空間。但他回絕了我，理由是公司不能有兩套做法，況且，他說，時間來不及啊。又一次地，在這家公司裡，執行的速度戰勝了決策的品質。

還好，這項任務因為執行長恩威並施的結果，最後裁員人數並不如預期的多。風暴過後，大家傳言，也許這不過是執行長新官上任時樹立威望的手段罷了，若果真如此，看來，這場戰役他是贏了，只不過陪葬了許多小老百姓。這情節像極了古代一方諸侯一統天下的故事，天生叛逆的我經常想，台灣，真的擁有了民主的素養嗎？在二十一世紀的現代，這種「吾皇萬歲萬萬歲」的威權遊戲還在企業王朝裡不斷上演著，有多少人心甘情願把自己的命運交給台上的君主，最終造就出揮霍濫權、自以為無所不能的王？誰該負這樣的責任？是那些想要擁有一片江山的各方霸主嗎？還是這些甘願扮演順民的小老百姓呢？台灣，真的進步了嗎？

我漸漸發現，在這裡，其實存在著一種牢不可破的企業信仰，那就是視「混亂」為「彈性」，把「不尊重、不協助他人」當作「對他人能耐的考驗」。曾有朋友對我說，他在這裡工作有種被虐待的感覺，那時，我無法了解，直到身歷其境才能體會箇中滋味。但，無論如何，我仍然努力在適應中等待著發動改變的時機，直到發股票的季節到來。那是我第一次認真思考離職的時候。

在內部會議中，我透過同仁的工作簡報，這才知道，原來依公司規定，像我這樣位階的主管得分三年才能領回當初面試時公司所答應給我的股票，我不可置信的再三確認，同事點點頭，順手拿了一張同意書要我補簽字，我有種上當受騙的感覺，「如果我不簽呢？為什麼當初面試時，沒有事先告訴我這項規定？」

他聳聳肩笑著說：「就算你不簽，規定還是不會改的，當初不知道沒關係啊，現在知道也不晚，你就認命的簽字吧！」這種專制的體制，叫我很無奈，但另一個我更關心的問題是，那些我親自面試的主管們，竟也在我不知情的情況下，和我一樣，成了一群受害的羔羊，我如何面對他們、向他們解釋？更可悲的是，我不僅是個受害者，在這次任務中，我還得被逼著扮演起加害者的角色，這叫我情何以堪？

當天，我向主管提出了離職的請求。

坦白說，對於我這個不順從、不乖巧的部屬，我的主管給了我極大的寬容，在這段期間，他嘗試運用各種方法說服我用不同的角度去「欣賞」這樣的企業。我承認他的觀點是對的，於是我暫時同意拉長我對這家公司的「觀察期」，但很快的，在兩次事件中，我更加深了離開的決心。

事件發生在我參加一個處級主管的必修課上，董事長在開訓典禮中問道：「有沒有人可以說出，你們的正確工時是多少？」在現場的畢竟是一群沙場老將，沒有人願意平白無故送死，全場鴉雀無聲，董事長走到白板前，寫下了斗大的「24hrs × 7 days」，大聲地說：「這就是各位當上處級主管的代價！」那一刻，我真想丟下手上的講義馬上走人，雖然接著他又說了一些聽來頗為感人的創業故事，我絕對相信，他是以這樣的拚勁打下這規模不算小的企業王國，而這精神也的確令我感佩，只是，作為一位人資主管，在我的內心深處，也有一片理想國，我思考著，在下一波更嚴峻的競賽中，超長的工時難道還是我們唯一不變的選擇嗎？

每處理一次員工猝死或得癌症的案例，我總問自己一次：我能為他們做什麼？

這些為企業葬送健康甚至生命的員工，到頭來，得到什麼？而那些在員工背後義無反顧做後盾的家庭，他們又得到了什麼呢？如果，把員工當成機器般使用是這家公司無法改變的信念，我懷疑，我的時間奉獻得是否值得？

之後幾天，我到中國大陸出差，為了了解實際的情況，我私下訪談了許多的幹部與同仁，太多的問題在那一周內不斷的湧現，直到一位年輕女孩用她那雙充滿著期待的大眼睛問我：「Austina，你可以幫助我們解決這些問題嗎？」我無言以對，回到宿舍，蓋起被子掩面痛哭。在這些單純的、努力工作的同仁面前，我有種很深、很深、很深的無力感，因為我知道，這會是一場需要投入時間與精力的信念之爭，問題是，這些員工得等上多久，我才算得上是不辱使命？

回到台灣，我再度提出離職申請，同事好心提醒我，為了兩個星期後即將到手的股票就忍一忍吧。我承認這筆金額不小的股票的確很吸引我，但，在金錢與自由之間，我寧可選擇後者，因為，我始終相信，錢，可以再賺，但那種內在心靈的自由與滿足，卻是生命中最寶貴的財富。

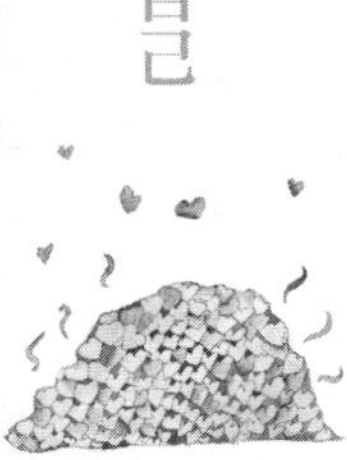

但，問題來了，我該怎麼離開呢？我面對的，是一位史上最「牛」的主管，不論我怎麼說，他始終不願意在離職書上簽名，他知道我還算是個遵守規定的員工，索性來個冷處理，這種拖延戰術對我而言，真的是一種折磨。在無計可施的情況下，我只好像個囚犯一樣，決心開始我的脫逃計畫。這一天，趁著部門搬家前的大掃除，我得以和大家一樣，不慌不忙的清理著自己的物品，就在我偷偷提著大包小包往停車場移動時，老闆這時突然出現在我的面前，他狐疑的看著我說：「你明天會來吧？我們還得向大老闆報告專案的進度呢！」我很想向他話別，請他原諒我，但，就在我遲疑的時候，他轉身離開，沒有再說什麼，我始終認為聰明絕頂的他，其實已經了然於心，只是在那一刻，他終於放棄繼續與我作戰。

回到辦公室，我拉著助理，告訴她從明天起我不會再來上班了，在她的接連的驚訝聲中，我一一交代所有的事。最後，我向那些無緣再共事的主管與同仁們發出我的感謝與道別信，關上燈，鎖上門，在車子穿越公司警衛柵欄的下一秒，我大聲的叫著：「我—自—由—了！」這是我踏入職場以來，一次最不可思議，也最五味雜陳的離開。

有人問我，這家公司真有這麼糟嗎？我不知道該如何回答，因為，在這裡，仍然有許多人成就了他的夢想，只是，不適合我罷了。

《心靈便利貼》

◎台灣為什麼需要全世界最長的工時？工時等於競爭力嗎？我深信，唯有達到身心靈的平衡，才能開發出能與世界競爭的腦力資源。

◎擁有「不好搞」的部屬才能造就出真正優秀的主管，也才能打造出堅強的企業競爭力。這是我的另類思考。

◎職位的高低並不意味著生命的尊卑，請不要依據員工一時的績效來決定他的價值，最重要的是，不要口出惡言，這是對人性也是對自己的基本尊重。

◎我不鼓勵你逃離企業，傾聽內在的聲音，回到你的初衷，你就能做出最正確的抉擇。

◎如果實在無法認同企業的價值觀，那就勇敢的離開吧！因為，坐領乾薪而無法產生價值也是一種不負責任的行為。

競爭力升級，Action

◎ 以下問題，思考後誠實寫下你的答案：

1.你真心喜歡現在的工作嗎？
2.你的工作能夠為企業及員工帶來什麼價值？
3.你認同公司的價值觀嗎？你願意付出心力與時間驅動改變嗎？

◎ 我的立即行動方案：

1.______________________

2.______________________

3.______________________

第一部 自我價值

你是誰，你為何而戰？

12 為自己創造不凡的價值

有一年，特別覺得被工作壓得透不過氣來，每天在上班下班之間，在業績檢討與客戶的要求聲中，覺得自己整個人快要被搾乾，像朵枯萎的玫瑰，再也美麗不起來。

這時候剛好碰到先生任教的學校放暑假，二話不說買了三張機票，幾個小時之後，我和老媽、先生一行三人已經到了位於青島的香格里拉大酒店。

青島真美。走在路上，身上帶了些微風吹過的海洋味道，看著遠方的帆船，藍天與海洋融成一片，剎那之間，乾涸的心靈得到了大解放。心情一高興，海鮮和青島啤酒就成了我們餐餐必點的美味佳餚。

才吃了兩餐，「樂極生悲」的定律就發生了，老媽整個人發燙嘔吐，我和老公則不斷拉肚子，三個人很有「團隊默契」地一起生病了！

酒店櫃檯服務員引導我們到三樓的醫務室，老醫師瞧了我們一眼，很有經驗的說：「唉呀！剛到青島不能這樣吃，太寒了，腸胃會受不了的，沒事，吃了藥一會兒就會好的。」我們回到房間躺了幾個小時，藥效果然發揮作用，老媽又恢復了一條龍的英姿，說肚子餓了，想到樓下「香宮」吃個麵點，於是我們規規矩矩的吃了餐清淡的晚飯後就回房。

一打開門，老媽說：「這飯店服務真好，晚上又來整理房間了。」走進房間仔細一瞧，書桌上放著一張字條，寫著：「尊敬的客人您好，我是為您開夜床（晚上整理房間）的服務生，我看到桌上有幾包藥，想必您一定身體不適，出門在外，請一定要保重身體，我幫您燒了一壺開水，等您回來後可以就著溫開水服藥，最後祝您身體早日康復，在青島的旅遊一切平安。服務生　劉潔敬上」。

我們三人看著這張紙條，一時之間感動得說不出話來，整個身體莫名其妙的酥軟了起來，就在這幾秒鐘，我突然有了一個發現，以及一個頓悟。我發現，人在身

體虛弱的時候還真的特別容易感動；頓悟則是，我終於能理解，為什麼男人特別容易拜倒在大陸女子的石榴裙下，原來比貼心、比溫柔，咱們還真是技不如人啊！一向堅強獨立的台灣姊姊妹妹們，真該要好好的檢討啊！至少，我是頭一號得徹底檢討的人……。

總之，這封信深深的觸動了我們三人各自不同的好奇：先生想看看劉潔的長相，老媽很想塞小費，我則很職業病的想了解是什麼樣的動力，驅使了劉潔產生這樣的行為。

我打了電話請客房部找劉潔上來。

門鈴響了，三個人同時衝了出去想瞧瞧這溫柔女子的長相，先生幻想破滅、率先撤退回來；老媽在門口塞小費卻沒成功，劉潔小聲地說為我們燒開水只是舉手之勞，婉拒了老人家的心意。於是我請劉潔進房，她看起來有些靦腆，素淨的臉上帶點青澀，她說這是她大學畢業後的第一份工作，我好奇地問：「你為什麼會這樣做呢？你覺得你的工作是什麼呢？」一本以為她會像其他人一樣回答說是打掃房間、換床單之類的「制式答案」，可是劉潔的回答卻如此不同。

「我進入香格里拉工作後，每天都在重複例行性的工作，當我越來越熟悉的時候，我突然想到，這就是我工作的全部了嗎？對住客來說，我還可以幫他們做些什麼呢？我問了同事，有些人覺得我很奇怪，告訴我只要本本份份的，做好清潔的工作就好了啊！」她這麼說，讓我更好奇了。

「那你為什麼不這樣做呢？」

「我想要跟別人不一樣，」劉潔顯得有些不好意思，「我認為自己應該還可以有更好的價值，終於有一天我想到了，飯店服務員最重要的工作不僅僅是完成清潔及打掃，其實，我最想提供給客戶的價值，是為客戶創造一個愉快而難忘的住宿經驗。我想我是可以做到的。」

眼前這位個子不高的女子堅定的說出她對於工作的想法，字字句句撼動了我。我情不自禁的拉起她的手說：「劉潔，妳真是一位不平凡的服務員欸！」這一剎那，我看見她的美麗。

在青島的那幾天，還發生了另一件令我永難忘懷的事。拉肚子之後，我們對於餐館的衛生更加挑剔，最後決定餐餐都到酒店一樓的「香宮」用餐，只是連續吃了幾天之後，開始覺得有些膩了。有一晚，我們三人一坐下來，先生把菜單翻了又翻，實在不知該點些什麼好的時候，服務員給了我們一個甜美的笑容說：「哎呀！張先生，您連續在我們這兒吃了好幾天，我想菜單上的菜您大概都吃膩了吧，這樣吧，看您想吃什麼菜，我請大廚幫您做。」

我們三人不可置信，異口同聲說：「菜單上沒有的也可以嗎？」小姑娘點點頭說：「是啊！沒問題！」於是，我們點了一道最簡單、也是這幾天最想吃的「山東燒白菜」。

不一會，熱騰騰的燒白菜送上來了，還附上了三個結結實實的大饅頭。白菜的清甜一入口，馬上在口裡散發開來，滋味真是美極了！我們還在陶醉的時候，主廚出現了：「張先生、錢小姐，我知道三位前幾天腸胃不舒服，所以特別注意燒得清淡些，您看這燒白菜還合您的口味嗎？」

不瞞大家，我當時真的感動得快哭了，我心想：「這飯店也太厲害了吧！怎麼老是搞得我想痛哭流涕啊！」先生站起來跟主廚握了握手說：「謝謝您，這是我這輩子吃過最好吃的燒白菜，對於你們的服務，我很感動，謝謝！」我相信這是先生的肺腑之言，因為，他們是值得尊敬的。

離開青島，飛機起飛後，我望著眼前這片土地，心裡默默地說：「再見了，青島。我不知道我會不會再來，但是，劉潔、餐廳的服務員、主廚，謝謝你們帶給我的美好回憶。」

回到台北，受到這三位飯店職員的感染，我再度找回工作的熱情，回復到以前那種「上班一條龍」的上班族生活啦。

《心靈便利貼》

◎我們常在忙碌充滿壓力的工作中，磨損了我們的熱情。當熱情不再的時候，不妨走出自己的空間，動力充電機也許就在某一個轉彎處。

◎你在工作中發現了你的價值嗎？你曾經帶給別人感動嗎？你對於工作的定義決定了你的行為，也決定了你的存在價值。

◎不論你從事的是什麼工作，只要你熱愛工作，尊重你的工作，你也能贏得別人的尊敬。

競爭力升級，Action

◎ 以下問題，思考後誠實寫下你的答案：

1.你擁有工作的熱情嗎？
2.在工作中，你曾經創造出令他人感動的故事嗎？
3.你和其他的工作者有何不同？
4.你認為你最獨特的價值是什麼？

◎ 我的立即行動方案：

1.____

2.____

3.____

13 認真，會得到幸福的報償

到企業講課，常常有意想不到的突發狀況，這時候，除了考驗自己的臨場應變能力，還考驗著自己對這份工作到底有多熱愛。

好幾年前，我應廣州當地的管理顧問公司邀請，為一家台資企業的管理幹部講兩天課。在接這個案子之前，我考慮了好一陣子，因為廣州對我來說是個陌生的城市，況且當時的治安也不太好，本來想婉拒，但因為心腸太軟，實在禁不起對方一再邀請，只好懷著忐忑不安的心情上路。

那天，搭上一大早的飛機，我到了香港機場就依著朋友給我的指示，乘坐機場快線、轉搭計程車到了紅磡火車站。一到車站才發現火車剛走，我得再等上兩個小時，真是令人懊惱。當時，十二月的寒冬，我一個人坐在車站裡，心裡想，我真是沒事找事做，那麼遠的地方，下次鐵定不來了……

終於，我坐上開往廣州的火車，一路上晃啊晃的，顧不得旁邊一直想找我聊天的大嬸，我向她說了聲對不起後就陷入昏迷狀態，再次清醒時，火車已經抵達了廣州。來接我的工作人員幫我提了行李後說：「錢老師，辛苦你了，只要再兩個半小時我們就可以到廠裡了。」我一聽差點沒昏倒，心裡吶喊著：「天啊！這也太遙遠了吧！」

進了廠區宿舍，水不熱、暖氣不暖，睡鋪又太硬，我縮著身子，心裡默默祈禱，希望神明保佑我一夜好眠，明天才有體力講上八小時的課。

第一天的課進行得很順利，課程結束後人力資源部經理Linda跑來跟我道謝：「錢老師，謝謝你，明天高階主管的課還是要麻煩您費心囉！」我驚訝地望著隨班的工作人員，問道：「通知上不是寫著兩個梯次都是中階主管嗎？」工作人員把我拉到一旁小聲說：「客戶公司臨時有些變化，中階主管明天臨時要開會，不過您別擔心，沒事的，就照著今天這樣的內容講就成了！」

人資經理Linda是個精明能幹的人，在一旁馬上說：「那可不成，咱公司一向注重培訓，處級主管不知上過多少課程，聽過多少名人的演講，再加上他們都是身經百戰的資深主管，他們可自視甚高呢，錢老師，您一定得為我們修改講義啊，否則我擔心他們會中途離席，我會挨罵的呀！」看著她緊張的表情，我拍拍她的肩膀說：「你放心好了，我會改的！」

於是，她拉了把椅子在我面前坐了下來，鉅細靡遺地從公司願景、文化、領導模式到管理問題，一一說了一遍，在工作人員的催促下，我們匆忙到了餐廳，我一邊吃著冷掉的晚飯，一邊思考：兩個階層差異如此的大，看來講義內容得全部翻新才行啊！

隨班人員看出我的壓力，安慰我說：「老師啊，別太在意，晚上稍微修改個幾頁內容就可以交代過去了，別給自己太大的壓力。」我對他勉強擠出一點笑容，我知道，今天晚上得挑燈夜戰了。

回到宿舍，洗完戰鬥澡，正準備開始工作，我才想起一件悲慘的事實——這一趟根本沒帶電腦來！收拾行李的時候，我認為這個訓練主題是我的專長，況且兩個班都是同一層級，所有的資料早在一周前就發郵件給對方了，應該是萬無一失的！

我呆坐在床邊，心情盪到谷底，正猶豫著該怎麼辦的時候，這時心裡頭揚起一個聲音：「不要麻煩了，憑你的口才，明天一定可以過關的，況且這又不是你的錯，還是早點睡覺吧！現在已經十點了欸。」

「不行不行，還是要想辦法解決，你的學員需要你，你也得珍惜你的名字，加油，你一定可以做到的！」心裡的另一個聲音這樣說。於是，在短暫的天人交戰之後，我還是決定放手一搏，重新修改講義。最後，我打了通電話請工作人員幫忙借台電腦，本以為這件事就此解決，沒想到，工作人員一走，才又發現天真的我忽略了一件事：海峽兩岸雖然說的是同一種語言，但是電腦輸入法卻大不相同。我只好又請他回來想辦法，這位年輕人說：「沒關係，我教你！」

我很感謝他非常熱心地花時間嘗試把我教會，但是，他說得好像很清楚，我卻聽得一頭霧水，年輕人看出我滿臉的問號，打算改變策略。他說：「錢老師，不然

這樣好了，你一邊說，我一邊打字吧！」我婉拒了他的好意，除了不想一整晚都得跟不太熟的人共處一室，也因為我還有一件重要的事情要做——敷臉。於是，我決定自己想辦法。

送走了工作人員，為了穩定混亂的情緒，我決定放鬆一下心情，第一件事，當然就是敷臉，然後開始進行自我對話。我對著鏡子，望著穿著睡衣、頭上包著浴帽的自己說：「不要緊張，放輕鬆，明天一定會是一場成功的訓練，你一定可以做得到。現在，冷靜下來，想像自己是明天的學員，他們正面臨著什麼樣的困擾，他們想解決什麼樣的問題？他們想聽什麼？想得到什麼？」

慢慢的，我彷彿置身於訓練課程的場景，等回過神，已經過了將近半小時。我再度打開電腦，驚訝地發現此時的我充滿了戰鬥能量，憑著記憶竟然可以順利地操作著不熟悉的輸入法。我的思緒在奔騰，腦子裡充滿著全新的教學內容與方法，我感受到前所未有的興奮，因為，我似乎已經看到了學員臉上的笑容。

我只睡了兩個小時，提前一小時到現場，工作人員驚訝得說不出話來，因為我改寫了整份講義，還設計了全新的討論個案。

課程就要開始了，Linda很緊張，在後頭走來走去，我則環顧現場。學員以男性主管居多，他們雙手抱胸，蹺著二郎腿，用不信任的眼光打量著我。然而，我就像是即將上戰場的勇士，我喜歡這種感覺，它讓我覺得人生真刺激！

我讓學員做了一個模擬情境的管理活動，他們有的扮演員工，有的扮演主管，有的扮演觀察者。如我所預期的，這個活動很快就讓現場的主管卸下心防，我看著他們笑著、辯論著，甚至開玩笑地彼此批判著，我知道他們會喜歡這堂課的！

八個小時的課程結束了，掌聲響起後，Linda跑到我面前說：「錢老師，真的很謝謝你，為了我們的課程讓你辛苦了，我昨天因為太緊張，也許讓你承受了很大的壓力，真是抱歉！」這時，一位男性主管打斷我們的談話：「沒事，我只是想跟您說，謝謝您，這是我這三年來聽過的最棒的一堂課！」我對Linda笑了笑：「別說抱歉，你看，這就是我賺到的禮物啊！」

收拾好行李，我和工作人員步出教室，外面的天氣灰濛濛，下著小雨，氣溫很

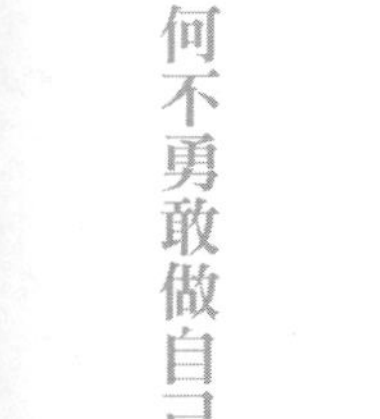

低，我穿上了長外套，把帽子戴得低低的。此時正好到了下班時刻，廠區的路上擠滿了員工。突然之間，我似乎置身於電影裡的場景——一個女孩穿過重重人牆，擠到我的面前，叫著我：「錢老師，謝謝你的教導，一路上小心喔，再見！」她的臉被風吹得紅通通的，她是我第一天的學員。

在回家的路途中，我突然覺得，這個工作，讓我好幸福。

《心靈便利貼》

◎永遠要做萬全的準備，如果出現意外，記住，慌張解決不了問題。

◎當面對壓力時，在心裡來一段自我對話，激勵自己，相信自己，直到充滿能量為止。

◎不要為自己找到任何可以妥協或馬虎行事的藉口，專心一意地投入，你就會嘗到幸福的滋味。

競爭力升級，Action

◎ 以下問題，思考後誠實寫下你的答案：

1.你珍惜你的名字嗎？
2.你一切的所做所為，會為你的名字加分或減分？
3.當內心出現兩種不同的聲音時，你通常做出什麼樣的選擇？
4.上述的選擇，讓你向上提升，或者向下沉淪？

◎ 我的立即行動方案：

1.______________________________

2.______________________________

3.______________________________

14 觀念決定命運

很多年前，一本書中的一段話對我產生了深遠的影響，作者說，一個人的命運絕對不是天生註定的，命運的好壞，自己要負最大的責任。他認為一個人的「觀念」會影響他的「行為」，行為不斷地重複則會養成「習慣」，習慣久了會形成一個人的「性格」，最後，性格決定「命運」。

從事人力資源的工作將近二十年，我看過無數的履歷表，年輕的時候，閱歷不多，總讓我覺得人真是生而不平等，有些人年紀輕輕，家世、背景、學歷都好，在職場一路走來，升官加薪順暢無比，讓人好不羨慕。相反的，我也看過令人鼻酸的履歷表，命運乖舛的程度彷彿連續劇般悲慘，當時，我只覺得，那是每個人天生註定的命運所造成的必然結果。

隨著年紀漸長，職場經驗豐富了，我才發覺，「觀念」才是左右人一生命運的關鍵。

有一天，在演講會場我發現一位年輕人，這是他第三次來聽我的演講了。演講結束，他上前來打招呼，寒暄之後他遞了一份履歷表給我：「老師，我很希望能夠進入貴公司服務，不知道您願意給我這個機會嗎？」當時我負責的單位並沒有職缺，只向他表示如果有機會，一定儘快通知他。

回到公司，我把他的履歷表歸入檔案，幾天之後，在我幾乎要忘了這件事的時候，我開始收到這位年輕人持續送來的卡片。在電子郵件充斥的年代，收到一封封親筆寫的卡片的確很特別，更何況每一張卡片都是他親自送到公司來的，這樣的精神的確感動了我。

兩個月後，我再一次拿出他的履歷。三年多前，他拿到博士學位回到台灣工作，流暢的文筆透露了他那一股強烈想要進入管理顧問業的熱情；然而，三年內換了三個工作的經歷，卻也讓我擔心他的穩定度。

我還是約了他到公司來聊一聊，給彼此一個機會。見面時，他先開口：「錢老師，我真的很感謝你願意給我這個機會，我想大多數主管看到我的履歷，一定會先質疑我的穩定性，所以我想先向您說明這件事，可以嗎？」我很欣賞他有這樣的敏感度，這是從事顧問業必須具備的能力之一，這次的面談，他有了很好的開始。

我點點頭，請他繼續說下去。「從小到大，我一直是個很有自信也很順利的人，直到回國之後的這三年，簡直是一場惡夢。第一年，我到竹科工作，就在快滿半年的某一天，公司警衛拿了一個紙箱和一封信給我，我居然是裁員名單中的一員！」那時我也在竹科工作，這家電腦大廠當天裁掉了三百多人，在當時還躍上晚間新聞的版面呢！

「你有問過主管，為什麼是你嗎？」我繼續問道。

「當然有，他給我三個理由：第一，我到公司才半年，以成本考量，資遣費最少；第二，公司要求當天所有離職程序要處理完畢，我只來半年、工作最少，一天之內絕對能交接完畢。」

「第三個理由呢？」我問道。「唉！第三個理由還是年資的問題，裁員最怕引起組織內的負面情緒，我剛到公司不久，同事對我也不熟，把我裁掉，對組織的影響是最小的。」

「你接受他的說法嗎？」他搖搖頭：「不能接受又能怎麼辦呢？」我好奇的問：「那後面兩個工作又是怎麼回事呢？」

「有了這次傷痛的經驗，我特別謹慎地挑選了一家外資銀行。據我觀察，它的台灣分公司業績是所有亞洲地區分行中表現最亮眼的，沒想到，在我任職七個月時，總經理從總部帶回一個青天霹靂的消息：基於全球佈局的策略，總部決定撤出台灣市場！唯一的好消息是，總公司發的離職金真的不少。」很巧的是，當時這家外資銀行在準備退出台灣市場時，曾經委託我規劃兩項訓練課程，一是教導員工如何合法的節稅，另一項，則是教導他們撰寫一份吸引人的履歷表。

當時那位總經理為了協助員工都能夠找到好工作，還親自為員工一一修改履歷表，感動我與所有員工的心。由於員工的離職金的確是相當豐厚，因此在整個裁撤

過程中，組織內的氣氛一直是愉快、歡樂且滿足的，這是我在職業生涯中，唯一一次看不到埋怨與淚水的裁員。

「第三個工作，我進入一家知名的家電外商，唉！倒楣的事又來了！」

「又發生在六個月之後，對吧？」我看著他的履歷表，算算時間應該差不多。

「六個月，好像一個魔咒，我自己都搞不清楚為什麼會這樣。這一次是因為協理向廠商收賄，被美國總公司革職，倒楣的是，部門業務也將外包，所以，我又失業了！這就是我這三年的命運。」我看著這個年輕人，他擁有傲人學歷卻經歷了這些事件，我決定給他一個希望，也想藉此好好觀察他。

我邀請他成為某個專案的兼職人員，在合作兩個多月之後，專案其他成員對他頗多怨言，而我對他總在細節出錯也不太滿意，於是約他三天後開會。當天，他帶著一份厚厚的牛皮紙袋進入會議室，我開門見山地問他：「這段時間，你滿意你的工作品質嗎？」

「我想我和你一樣不滿意。」每次開會他總能精準地知道我要說什麼，我不得不承認，這是他最大的優點。但讓我好奇的是，既然知道，為什麼不改善？

「我知道你一定會問我原因，這三天我花了很多時間思考，我希望你能考慮調整我的工作內容。」我很驚訝他會這麼說。「坦白說，我不是很喜歡你要我做的工作，我覺得這些都是小事，還有，我也不太能夠跟其他人共事，因為他們太笨了，每次開會都沒辦法跟他們溝通，再繼續下去只會浪費我的時間。」

「很謝謝你告訴我你的感受，但你認為自己適合做什麼呢？」我未必認同他的看法，但對員工的坦白，我仍然抱持感謝的態度。他從牛皮紙袋裡拿出厚厚一疊報告：「前進中國——五年擴展計劃」。我一臉狐疑，我沒有交代他做這份報告啊！他很興奮地翻著報告，拿著預算表對我說：「這是我花了兩個月的嘔心瀝血之作，我已經計算好了，我希望你幫我跟公司爭取，只要給我一組團隊，一筆錢，派我去上海，我一定可以為公司創造很好的績效。」

「等等，這兩個月你的工作重心都在這份計劃上嗎？」我再次向他求證，以免誤會他。「是啊，我當然有撥些時間完成你交代的工作，但那些事並不用花太多

時間。」我終於了解為什麼這兩個月他總是一再出錯，原來根本沒花心思在專案上啊。我有些不高興，「我想你應該很清楚，因為這項專案，你才有機會進入這個團隊，而你是否能夠成為公司的正式員工，也取決你在專案的表現。再說，如果你連小事都做不好，你認為主管還會給你做大事的機會嗎？」

他站起來，繞過會議桌，拍了拍我的肩膀說：「我對你有信心，你跟其他的主管不同。」對於他的回答，我只能用「令人嘆為觀止」來形容。他離開會議室後，我仔細翻了那份厚達數百頁的「前進中國計劃」，我還在想，也許這是他唯一可以留下來的機會。可惜，這份報告理想有餘但卻無法執行，更暴露了他對這個產業的無知與缺乏經驗。

在合作的最後一天，我跟他聊了一個多小時，最後，寫了一張卡片送給這位年輕人：「觀念—行為—習慣—性格—命運，想要改變未來的命運，先從改變觀念開始。」我想，他還是沒聽懂我的話，因為每隔一陣子他就會帶著新名片，出現在我演講的場合中。

《心靈便利貼》

◎觀念影響行為，行為養成習慣，習慣形成性格，性格決定命運。要改變命運，先從建立正確的觀念開始。

◎積極會為自己創造可能的機會，但在工作中讓別人看到你的貢獻，才是延續機會的重要關鍵。

◎說服別人支持你的夢想之前，別忘了得先幫他人解決問題，取得別人的信任，才能把夢想做大。

◎永遠不要輕忽「小事」的威力，如果那是老闆所在意的，它將足以影響你的存活與晉升。

◎不要放任壞命運一直跟隨著你，去請教那些你眼中的「好命人」，他們一定擁有一些與你截然不同的觀念，學習並且去實踐它，直到好運來臨。

競爭力升級，Action

◎ 以下問題，思考後誠實寫下你的答案：

1.你認為你是「好命人」或「歹命人」？
2.你曾經去請教過他人好命的祕訣嗎？
3.你認為有哪些因素造就了你現在的命運？
4.你總能得到他人的支持嗎？為什麼？

◎ 我的立即行動方案：

1.______________________________

2.______________________________

3.______________________________

15 小螺絲釘的勇氣

我長期在某專業協會擔任訓練管理師培訓課程的講師，這幾年來開始在一批批學員身上發現了一些問題，在我看來，這些問題將導致台灣的人力資源專業水準進步緩慢，甚至停滯不前。這個讓我憂心的現象，就是在這群年輕的學員身上看不到「完成任務的勇氣」。

在訓練學程結束後的口試中，我總喜歡提出這樣的問題：「學了這麼多的理論與實務，回到工作崗位，你可以為你的企業做些什麼改變？」八成我會聽到的回答是：「我真的學到很多，但我只是一個小小的專員，而且我老闆也不太支持訓練，所以我可能無法做什麼改變。」這種答案實在讓我無法接受。有時，我會耐著性子繼續問：「既然如此，你的學習動機是什麼？」

「喔，我想專業認證在求職的時候還是很重要的，等我找到更好的環境；我是說，如果新的公司預算更多，老闆更重視培育員工的觀念，我就能夠把這段時間學到的知識發揮出來啦！」聽到這裡，我不禁在心裡深深地長嘆一口氣。

以前我在竹科工作的時候，有一位訓練專員表現得十分突出，她沒有深厚的專業訓練，工作經驗也不多，但最讓我欣賞的是，她擁有突破組織階層障礙的勇氣。

有一次，在經營管理會議上，我得知老闆最近相當在意產品不良率偏高的問題，於是，我把這個案子交給她，請她去了解培訓部門能夠做些什麼，以協助解決問題。她不像其他員工每回接到任務，總有一百個拒絕的理由，相反的，她總是一副躍躍欲試的樣子，充滿探索的好奇心。我問她打算從何處著手？她轉了轉慧黠的大眼睛說：「我想先找廠長聊一聊！」

「需要我先幫你打電話給廠長嗎？」她馬上說：「不用不用，我想自己先試試看。」回到座位，她毫不猶豫馬上撥了電話，我特別豎起耳朵，聽到她對祕書說：「您好，我是訓練發展部的珍妮，可以幫我看一下廠長的時間嗎？我想這兩天約廠長談一談有關不良率的問題。」等了五秒鐘，她掛了電話，看著我說：「廠長說他不認識我，不想浪費時間跟我談。」這是我料想得到的結果，我再問她：「需要我幫忙嗎？」她還是不服輸：「不，我就不相信我搞不定。交給我吧，有問題我會請你支援的。」我相信她一定做得到，因為我看到一股勇往直前的豪氣。

第二天，她打了電話給我：「老大，我今天不進辦公室，我要去工廠看看。」我心想，這小女子行動力還真強，我決定幫她一把：「我先mail一些數據給你，有問題call我！」她用一貫急促的口吻說：「ＯＫ！ＯＫ！謝謝啦，祝福我吧，哈利路亞！」我笑了笑，多可愛的員工！

第三天中午我約她一道吃中飯，沒想到遭到拒絕：「不行，我今天很忙，我約了幾個領班一起吃飯。」她就是這樣，我常說她像個演員，一旦拿到劇本，馬上角色上身，入戲得很。「那晚上一起吃好了，」我對於她的進展十分好奇。

「ＯＫ！ＯＫ！可是要等我一下，生產線下班的時候，我打算利用外勞等交通車的時間，在門口跟他們聊一聊，我想要知道他們的工作狀況。」

下班的時候，我看到珍妮蹦蹦跳跳回到辦公室，對我揮了揮手說：「走吧，我這兩天得到好多資訊，真高興，我迫不及待想跟你討論一下。」我們邊聊邊往員工餐廳走，半路上巧遇廠長，年約五十、滿頭白髮，而且不苟言笑。我朝他揮揮手，他看了我身旁的珍妮一眼，很訝異地說：「怎麼又看到你了？原來你跟Austin同部門啊！」珍妮很有禮貌地向廠長點點頭：「是啊，真巧，又遇到您了，以後請多多指教。」我們拿了餐點，選個靠窗邊的位子坐下。我問她：「你又耍什麼詭計了？」

「哈哈哈！」珍妮得意地大笑了三聲：「你不是常告訴我，山不轉路轉，路不轉人轉嗎？他不見我，我就創造機會讓他認識我啊，研發部的惠珍不是跟廠長祕書很要好嗎？我請她幫我打聽廠長的行程，包括每天早上幾點到公司？停車位幾號？今天在哪幾間會議室開會？連會議開始和結束的時間我都打聽得一清二楚呢！」

「所以，你掌握了這些行程之後，就不斷的出現在廠長的面前，好讓他對你產生印象，是嗎？」

「當然啦，不然他哪裡會看得到我這顆螺絲釘？」我真的太欣賞她了，用力拍了她一下：「真有你的，加油！」

吃過飯後，我和珍妮一起分析了各種報表和數據，她也把在工廠所觀察到的現象，以及從領班、作業員的訪談中所得到的訊息一併提了出來，我們鎖定了幾條產品不良率特別高的生產線進行人力分析，發覺某幾位領班的員工流動率及申訴比率特別高，而新補進來的作業員也沒有經過完整的職前訓練便立即上場。珍妮還發現，作業員手上的ＳＯＰ（標準作業流程）居然是舊款機台的。領班說，因為趕產能所以根本來不及更新ＳＯＰ，只好請資深的員工在工作中教導新手。我們針對這些問題，初步擬定了培訓方案，在完成計劃書之後，我對珍妮說：「該是行動的時候了！」

隔天清晨六點半，珍妮算準了廠長進公司的時間，假裝巧遇跟廠長進了同一部電梯，她知道這短短的幾秒鐘，將是她能不能完成任務的關鍵時刻。她清了清喉嚨，力求鎮定的說：「廠長早，我聽Austina說老闆最近很重視不良率的問題，我們

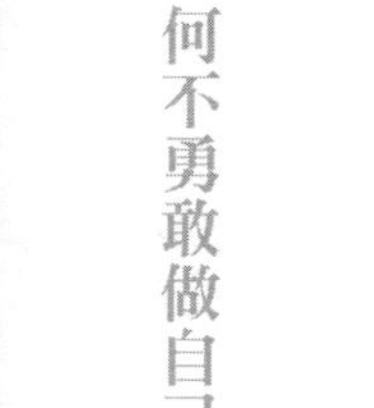

這幾天跑了工廠，也分析了一些數據，我想您一定有興趣了解，我可以跟您約個時間，只要給我五分鐘，聽聽我們的解決方案，也許對您有些幫助。可以嗎？」才一說完，電梯門開了，珍妮按著電梯，眼看著廠長就要踏出門了，這時，廠長回過頭瞪著她說：「還杵在裡面幹麼，約什麼時間，現在就到我辦公室，走！」

十分鐘之後，祕書打電話來說廠長找我，我快步下樓，心裡為她感到無比的驕傲，因為我知道，她辦到了。

對於我們的計劃，廠長只做了局部修改，在經過三個月的專案執行後，不良率偏高的問題解決了。有一天珍妮說廠長晚上要請人資部吃薑母鴨，一聽到有吃的，我們馬上點頭如搗蒜，答應赴約。當晚，很冷，廠長端起手上的熱湯說：「謝謝你們，人資部真是我的好夥伴！」這句話的力量好大，頓時讓我感到好溫暖。

實在太開心了，送走了廠長之後，我們又買了些小菜回到我住的地方續攤，其他的同事很好奇為什麼珍妮有這麼大的勇氣，難道她不怕被廠長拒絕嗎？珍妮喝了一口啤酒說：「唉呀，怕什麼嘛，我都把工作當成闖關遊戲，所以每天我都覺得上班好好玩喔！再說，他雖然是個廠長，我是個專員，但我是來幫他的呀，又不是求他給我加薪升官，心裡坦蕩蕩的，你就什麼事都不怕啦！」

去年，我回到竹科演講，珍妮特別跑來看我，幾年不見，她已經自行創業，成了一家公司的總經理了。

◎把工作當成闖關遊戲，突破工作中的障礙，也是專業的一種表現。

◎知識不足以解決問題，唯有勇氣能夠引領你衝破難關。

◎山不轉路轉，路不轉人轉，用創意解決問題。

◎不要讓階級意識成為你的阻礙，走出座位，想辦法讓那些關鍵人物看到你。

◎為公司解決問題，不摻雜個人私欲，自然能夠無所畏、無所懼。

◎鼓勵員工勇於接受挑戰，包括任務的挑戰、跨越階層的挑戰，不要害怕他會搞砸，因為這是讓自己當個輕鬆的領導者的必經之路。

競爭力升級，Action

◎ 以下問題，思考後誠實寫下你的答案：

1.你在公司的能見度如何？
2.你害怕面對比你高階的主管嗎？為什麼？
3.你擁有使命必達的勇氣與決心嗎？
4.面對問題，你總是先想到尋求主管的協助？還是願意自我突破？

◎ 我的立即行動方案：

1 ______________________________

2.______________________________

3.______________________________

16 螢火蟲的力量

跟一位朋友約好了喝下午茶，要碰面的前兩天接到電話，午茶得取消了，因為當天他要到某家企業講課。我很好奇：「怎麼會這麼臨時呢？」他才告訴我這其間的轉折。

原來這個訓練案早在三個月前就敲定時間了，但就在開課的前三個禮拜，朋友接到承辦人員的電話，他充滿歉意地說：「老師，真的很對不起，最近因為公司獲利不如預期，原本跟您敲好的訓練課程，老闆下令說要取消了……」我的朋友闖蕩講師界多年，這種事對他來說不算意外，正當他打算掛上電話，這位承辦的年輕人說：「謝謝老師的諒解，不過，我有一個不情之請，不知道是否可以請老師再幫我保留幾天，我想再去努力看看！」朋友答應他了，但不認為這件事有任何轉圜的可

能性。

過了兩個禮拜，朋友接到上課通知，也讓他對於這個年輕人到底在這段時間做了哪些努力，非常好奇。為什麼他的老闆會改變心意？朋友在電話中問了這個年輕人。「我事前做過分析，這堂課對主管來說真的很重要，因此還是向主管極力爭取如期舉行。但主管卻說老闆的決定無法更改，加上不景氣的衝擊，老闆當然更不願意花錢了。」這又讓朋友更好奇，多數承辦人員這時候就會打退堂鼓了，他是如何堅持下去呢？

「就在我打算發出取消通知的時候，不知怎麼搞的，心中突然有個聲音說，要我再努力試試看，我無法忽略這個聲音。這段時間，我吃不下也睡不著，不斷想起當初投入訓練工作的初衷，我深信透過有效的訓練能夠讓公司和員工變得更好。這是一份有意義的工作。」朋友迫不及待想知道答案：「所以你做了什麼事？」

「我很大膽的向老闆求證取消課程的真正原因，他說對於課程本身他沒有太大的意見，純粹是為了節省開銷。於是我問老闆，如果我能克服這個問題，是不是這堂課就能如期舉行？」

「該不會這堂課的費用是你自掏腰包吧？」我的朋友在電話中驚呼，他不相信會有這種傻孩子。「不是啦，」他解釋著，「我發了一封信給所有主管，說明這堂課能為他們解決什麼問題、帶來哪些工作效益，並解釋由於公司縮減預算，因此這堂課必須自己付費。我附上以往的課後評價，證明訓練部門選擇課程的用心。最後，我請他們信任我，也給自己一個成長的機會，這堂課絕對不會讓他們失望！」我的朋友突然覺得身負重任，但也為這位年輕人的舉動捏了一把冷汗。

「其實，我是以破釜沈舟的心情發出這封信的，被罵倒是小事，大不了沒有人報名嘛，一切回到原點，如此而已。但是，如果我不做任何努力就輕易放棄，我一定會看不起自己的。」朋友關心地問：「現在呢？報名狀況如何？」

「信件發出之後的兩天完全沒有回音，但沒想到，第三天、第四天，慢慢的，我居然得到好多主管的鼓勵，現在已經有八成的人報名了呢！」

過了幾天，我和朋友見了面，他告訴我當天上課前，董事長特別前來開場，他

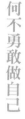

對著現場所有主管和那位年輕人，感性地說：「我們這個產業正遭受了前所未有的衝擊，坦白說，我本來還很憂心未來的前景，但是從這次訓練單位的勇於爭取，以及各位願意自費參與訓練的表現，我看到各位勇於突破、不服輸、願意學習成長的性格，我很高興公司擁有你們這些人才，這堂課大家不用出錢了，還是由預算中支出吧！」頓時，現場響起如雷的歡呼，可以想見，那場面必定很讓人感動。

過了幾個月，那位年輕人受到老闆賞識，被調升到總經理辦公室負責主導人才發展的工作了。

二〇〇七年夏天，我到美國參加一場為期一周的研討會，這是全球訓練界的盛事。為了追求新知，經過舟車勞頓的十二個小時，進入會場的第一天，當我看到上萬人湧入，不同的種族、膚色、語言，卻因著對同一個專業的熱愛而齊聚一堂，這場面，讓我熱血澎湃。

辦好註冊手續，掛上標示國家和姓名的識別證，捧著厚厚的大會手冊，我參加的第一場活動是主辦單位為非英語系國家人士舉辦的說明會。一坐下來，鄰座的韓國人立刻拿出名片，用一口流利的京片子說：「您好，我是×××，很高興認識您。」我還一臉驚訝的時候，他接著改以英文告訴我，多年前他曾在北京工作過，這句話這是他現在唯一會說的中文了。我很感謝他的誠意與尊重，開始聊了起來，同時，透過工作人員的介紹，我得知韓國代表團是所有亞洲國家中參與人數最多的團體，共有三百多位。我好奇地詢問這位韓國朋友，為何陣容如此龐大？

原來，他們參加這場所費不貲的學習之旅，全都是由韓國政府出資贊助的。並且，為了幫助參加學員有效率地學習，韓國政府特別在出發前將這三百多人依專長背景進行任務分組，每個小組被賦予特定的學習主題。這位韓國朋友很驕傲地拿起大會手冊說：「你看，你們拿的是英文版本，而我們政府都幫我們翻譯成韓文了呢！」相較於來自台灣、一切靠自己打理的我們，這些韓國人真的很幸福。

主辦單位在各個場區分別規劃不同主題的研討會，場次超過百場，令人眼花撩亂，加上演講者的水準參差不齊，為了有效利用這難得的學習之旅，每天晚上，我必做的功課就是窩在床上研讀大會手冊，在密密麻麻的議程和不熟悉的演講者名單

中，選定主題並規劃好第二天的路線。

我懷抱著極高的期待進入每個會場，但是，第二天我卻失望極了，整個上午連續參加三場研討會，內容和主講者的表現都令我極度不滿意。我憤怒地走出教室，實在無法忍受所謂專業人士頂著光環卻表現得如此不專業，這是對所有參加者的不尊重。在轉角的咖啡吧，我又遇見了那位韓國朋友。和他分享我的挫折後，他安慰我：「不要擔心，這份資料給你。」

從他手中接過一疊文件，原來，當我們只能依靠極少的資訊，在琳瑯滿目的研討會中獨自做出判斷和賭注，韓國政府早已針對每場演講者的實力進行分析，並為學員規劃建議的學習路線。我小心翼翼收起這份珍貴的「寶典」，韓國朋友又熱心提醒我：「對了，如果這份行程表忘了帶，那麼進入會場就先看看裡頭有沒有戴耳機的韓國人，如果有，代表在水準之上，因為只要是精彩的演講，政府一定為我們提供同步口譯，這可是其他國家沒有的喔！」

我向他謝了又謝，在擁擠的人群中道別。當天晚上，台灣主辦單位安排了一場聚餐，在團員各自忙碌的行程中，這是難得相聚的機會，因此出席相當踴躍，三十幾位來自各大企業的團員熱切地交換心得與收穫。然而掃興的是，當晚的餐點簡直糟透了，湯是冷的，飯是硬的，菜還有一股異味。我們向工作人員反映，得到的回答卻是：「經費問題，請大家見諒。」

回飯店的路上，我凝視著天上閃亮的星星，心裡湧起一絲莫名的悲涼，想想驕傲的韓國人，看看我們漫不經心的主辦單位，由小看大，我終於了解，為什麼就在這短短幾年，台灣與韓國競爭力的消長如此驚人。黑夜中，我嘆了口氣，回想當年在美國求學，那時，頂著亞洲四小龍的光環，我也曾經是個驕傲的台灣人，但現在，除了往歷史裡回味，我還能做些什麼？

過了幾天，清晨六點半，我在成千上萬的人群中等待進入八點開始的演講會場，主講人是《從A到A^+》的作者——柯林斯（Jim Collins）。大會主席在簡短致詞之後，請全場聽眾拿出已關機的手機，要我們在燈光熄滅之際同步打開，就在這幾秒，在一片伸手不見五指的黑暗中，透過大螢幕，我看到了一個個小小的亮光，

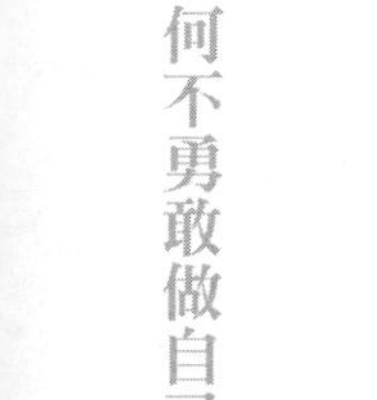

像螢火蟲般開始照亮整個會場，在驚呼聲中，音樂響起，柯林斯站上了舞台。

四十分鐘的演講，最後一段是全場的高潮。柯林斯分享，當開始有了《從A到A^+》的研究構想時，決定去拜訪管理學大師彼得杜拉克，希望得到一些建議，但與大師素昧平生的他，當時只是沒沒無聞的教授，懷著忐忑不安的心情，按了門鈴。他想像大師有個漂亮的大書房，也猜想這次的會面能有三十分鐘就不錯了。但是，讓他大感意外的，彼得杜拉克在小而儉樸的書房裡，毫不保留地給了他這個晚輩許多指導與建議。幾個小時過去了，臨別，大師還給他一個溫暖的擁抱，這位長者的智慧與風範令他永生難忘。

這時，柯林斯環顧全場，以高亢的語氣向在場聽眾說：「永遠不要忘記曾經提攜過你的人，對他們最好的報答就是效法他們，成為別人的導師，用你的經驗，你的專業去幫助那些還在摸索學習的年輕人。另外，在我與企業接觸的經驗中，我聽到太多人資人員不斷地告訴我他們有多麼嚴重的無力感、抱怨得不到公司和老闆的支持，但今天，我要求各位，從現在開始停止抱怨，為自己做些事情吧，我希望這場演講之後，你們都能夠帶著勇氣走出大門，向老闆證明你的價值。」

撼動人心的音樂再度響起，柯林斯的演說鼓舞了全場，大家紛紛起立鼓掌、歡呼，現場宛如一場佈道大會；他點燃了大家的熱情，也為這群在工作中有著同樣挫折經驗的人們，進行一場極為精彩的集體治療。

之後幾天，我持續忙碌穿梭於各個會場，這幾天與韓國朋友的萍水相逢，以及柯林斯的演講，讓我開始覺得，「學習」不再只是個人的事，它似乎蘊藏著更大的力量和意義，直到最後一天，一位印度朋友，讓我找到了答案。

那天，他坐在我的左手邊，他的另一邊坐著一個美國人，而在我的右邊則是兩個韓國人。和前幾天所有的課程一樣，每隔一段時間，講師就要我們五個人形成一個小組，討論一些議題或分享看法，很明顯的，經過一個禮拜的緊湊學習之後，美國人、韓國人都累了，一開始就表示他們只想休息，不想參與討論，印度人看看我的識別證，為了展現台灣人的親切與友好，我只好打起精神跟他一起完成講師所交代的功課，幾回合下來，我已經筋疲力竭了，他卻仍然一副神采奕奕的樣子。

我好奇地問他：「難道你不累嗎？」

印度人收起笑容，用深邃神秘的眼睛看著我：「這是我第十次到美國參加這個活動了，我想你知道，印度是個貧窮的國家，我們有很多文盲，可是這十年來，『學習』讓我成功地脫離貧窮，現在，我要幫助身邊的同事、朋友和許多人，讓他們也能和我一樣，體會到學習的力量，只要我堅持下去，總有一天，我的國家，我的同胞一定能夠脫離貧窮。有那麼重要的任務等待我去完成，你想，我還有累的權利嗎？」

這位印度人的一番話震撼了我，頓時之間，我慚愧不已，因為，當我還在自我的格局裡游走時，這個人，早已經超越小我，帶著使命投入「利他」與「大愛」的實踐之路。

回台灣之後，我經常想起那黑暗中的點點亮光。

我知道，個人的力量有限，但現在我相信，只要此生盡力發光發熱，總有一天，螢火蟲也能照亮這片我所熱愛的土地。

《心靈便利貼》

◎不要輕易妥協，只要是對的事，堅持下去就能感動別人，改變局面。

◎以利他為出發點，經常問自己，我還能為別人多做些什麼？

◎跳脫小我的思維，永遠相信自己能夠創造出更大的價值。

◎在工作中找到存在的意義，將你的專業與使命結合在一起，那將會點燃你的動力，引領你開創出更精彩的人生。

◎把握每一次與人接觸的機會，他極有可能就是你生命中最重要的導師。

競爭力升級，Action

◎ 以下問題，思考後誠實寫下你的答案：

1.你曾經勇敢的堅持做對的事嗎？
2.在成長的過程中，誰曾經幫助過你？你如何回報他們？
3.大多數時候，你想到的是自己？還是能為他人多做些什麼？

◎ 我的立即行動方案：

1 ______________________________

2 ______________________________

3.______________________________

17 你是誰，你為何而戰？

在「時間管理」的課程中，我很喜歡問學員以下幾個問題：你了解自己嗎？你快樂嗎？你很清楚自己要的是什麼嗎？除了薪水之外，你知道你為什麼而工作嗎？

在場的學員面對這樣的問題，不論企業人士或公職人員，不論年輕上班族或滿頭白髮的資深員工，能以篤定的態度舉手回答的，總是少數。我很驚訝於這樣的結果，因為，對我而言，人生最大的遺憾不在於死亡，而是這輩子沒有真正的活過。

有一回看電視，節目訪問丹麥一所藝術學校的校長，記者問：「學校辦學的宗旨是什麼？」這位校長的回答令我難以忘懷：「我們辦學只有一個目的，那就是希望所有的學生，在畢業走出校門的時候都能弄清楚一件事，那就是：我是誰？」

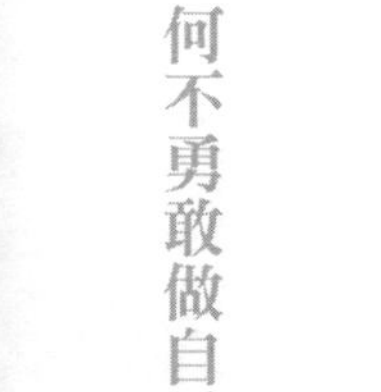

簡短的三個字，深深引起我的共鳴。是教育出了問題嗎？從小到大，老師、父母在意的是功課寫完了沒、考試成績第幾名、出社會之後是否能夠找到一份好工作、然後結婚、拉拔孩子長大……似乎這就是我們一生要走的路，我們過著無異於他人的生活，多數人在工作中求得溫飽，卻找不到快樂的泉源，人生的意義到底是什麼？似乎沒有人關心。

十幾年前在美國求學，我喜歡黃昏時刻在校園漫步，在那兒，我遇見一對可愛的母子，小男孩大約五歲吧，身上總是斜背著一個綠色袋子，歪歪斜斜的繡著「Postman」（郵差）的字樣，我注意到小男孩不管換穿什麼衣服，綠袋子總不忘帶出門，我想這一定是他的最愛。有一天，我問了他母親這袋子的意義，她帶著驕傲的神情說：「我的兒子James長大以後一定會是一個很棒的人，因為，他這麼小已經知道他未來要做什麼了，我真以他為榮。」

「他想當郵差嗎？為什麼？」年輕的媽媽滿足地看著男孩說：「James有天很認真地告訴我，他好希望長大之後能成為一名郵差，因為他發覺鄰居的爺爺奶奶每回從郵差手中收到信，總會露出好快樂好幸福的笑容，在他小小的腦袋裡相信，一個可以為別人帶來快樂的工作，真的是太酷了！」James長得圓圓胖胖的，一頭金黃色的鬈髮，一雙大眼睛咕嚕咕嚕地轉，看起來是個聰明的小孩。

「對不起，我可以請問一個不禮貌的問題嗎？」媽媽爽朗地點點頭，似乎非常樂意和我這個東方女子交流任何異文化的想法。

「James長大之後，『萬一』真的當上了郵差，你真的會以他為榮嗎？我的意思是，James這麼聰明，難道你不希望他成為醫師或從事金字塔頂端的工作嗎？」

「為什麼要這樣想呢？」James的媽媽很訝異，彷彿第一次被問到這樣的問題，「這畢竟是他的人生啊，如果James真的當了郵差，我當然會以他為榮，畢竟，他完成了他兒時的夢想，這就是一件了不起的事。更何況，他還實踐了他自己的人生意義，那就是帶給別人快樂，這是件多麼美好的事情呢！」James的媽媽眼睛裡閃耀著光芒，這種完全的支持讓我覺得小James好幸福。

她發現我若有所思的樣子，也問我台灣的父母是怎麼想的？我跟她說：「在台

灣，我們從小就背負著光宗耀祖的壓力，成為人上人是一件重要的事，所以父母親總希望小孩將來的職業能符合社會多數人的價值觀，這就是為什麼台灣的學生特別用功吧！」

「聽你這麼說，你們的媽媽一定不會為小孩做綠袋子囉！」James媽媽似乎開始了解東西文化的差異。「喔，不！台灣的爸媽很愛孩子，綠袋子一定會做，不過我想，為了面子問題，可能會把『郵差』繡成『郵政局長』吧！」我們相視而笑，連小James也似懂非懂的跟著大笑起來。

天色漸漸昏暗，依依不捨地與他們相擁道別，走了幾步路，聽到小James在我背後大喊：「Good-bye, the beautiful girl!」我回過頭，向他用力揮了揮手，心想，這小傢伙嘴巴真甜，不用等到長大當郵差，現在，他就有能力帶給別人快樂了呢！

我的一位老師，也是幫助我思考人生意義的啟蒙者，她是個擁有九個孩子的母親。有一回她很熱心邀約了幾位學生和她的家庭一同出遊，周末上午，我們坐上她的小巴士，一上車，就被一群小孩的打鬧聲給嚇住，仔細一看，九個小孩中最大的十幾歲，最小大概只有兩歲，更特別的是，他們的膚色都不同，白的、黃的，還有黑的。同樣在大學任教的師丈看出我們的疑惑，經他解釋我們才恍然大悟，原來除了兩個親生的孩子，其他的小孩都是領養的，而且來自破碎家庭，原生父母可能是吸毒或酗酒過度，導致這些孩子都有些智能或情緒控制的障礙。

我看到其中一個特別可愛的小女孩，像無尾熊似地趴在師丈的懷裡，淚眼汪汪。老師一邊開著車，一邊回頭望了小女孩一眼，對我說：「她很可愛吧！不過，她也是個可憐的孩子，因為情緒不穩定，才三歲多，卻已經換了五個寄養家庭，她經常擔心我們像其他的爸媽一樣，過了幾個月就會把她送走，對她而言，真的是一個很大的創傷。感謝上帝讓我們遇見了她，我第一眼看到她時，就知道這是我們的孩子，我絕對不會把自己的孩子送走的。」車上孩子們的嬉鬧聲震耳欲聾，但這對夫妻凝視孩子的眼神，卻盡是包容與慈愛。

到了遊樂區，我們排隊買門票，其中一個小男孩不知怎麼搞的趴在地上又哭又鬧，老師一把抱起了他，不像多數母親一樣大聲喝斥，反而很有耐心的對他又親又

哄的，老師滿臉歉疚的問我：「Austina，你可以跟我回家一趟嗎？都是我不好，我居然忘了把他的藥帶出來，害他這麼不舒服。」

原來，小男孩患了特殊的疾病，必須每四個小時服藥一次，老師摸摸他的臉，擦乾他的眼淚，小男孩雙手緊緊環抱著老師的脖子，模樣惹人愛憐，我看著這對母子，一白一黑，那畫面，很世界大同。

在車上，我禁不住問老師：「照顧這群孩子一定不容易吧，是什麼樣的力量，讓你們願意這樣付出呢？」

老師對我笑了笑，聲音充滿了母親的溫柔：「你絕對想像不到，這群孩子帶給我們多少快樂，每晚睡覺前，我和先生一個個親吻孩子們的額頭，我好感謝上帝送給我們九個天使，因為有他們，讓我更體會到愛的力量。尤其是這七個特殊的小孩，他們旺盛的生命力，教會了我的兩個大孩子許多書本上學不到的功課，讓他們更懂得珍惜生命，更懂得如何愛人，更重要的是，讓他們知道，這世界不應該有種族膚色之分，不應該有健康殘障之分，我們都是人，值得享受一樣的愛。」

老師的這番話，讓我感動得熱淚盈眶，我拿出皮包裡的佛像，向她大略解釋佛教的意義之後，對她說，她的慈愛就像是千手觀音一般，她凝視著佛像許久說：「這可以送我嗎？真希望我有一千隻手，能夠幫助更多的人，這就當作是我的人生目標吧！」

在美國的這段時光，除了學習專業知識外，我更大的收穫是來自於文化的衝擊，美國人對於差異的尊重、世界的關懷，刺激了我的反省，我開始深思，身為一位世界公民，這一生，除了求得自己的溫飽平順之外，我還能貢獻些什麼？人生，該怎麼過，才能無愧於天地？

其實，這是我從小到大不斷探索追尋的功課。小時候，有一段時間經常失眠，媽媽哄著我睡時，我總喜歡問：為什麼我會被生下來？為什麼我生在這裡？為什麼我叫這個名字？我來到這世界要做什麼？媽媽告訴我，上小學之後老師自然會教，要我現在乖乖睡，然而這些問題依然纏繞在我的腦海中，揮之不去。

好不容易上了小學，我問老師，老師說要到國中才會教，要我現在好好學注

音；上了國中，我迫不及待地問老師，老師說等上到健康教育第十四章時，我自然能夠得到答案。我等不及，自己先翻到第十四章，一看嚇了一大跳，這哪是我要的答案！

我問同學，他們卻笑我是神經病，老是想東想西的，那段時間是我最挫折的時候，因為我發覺大家不僅聽不懂我的問題，更無法感受我對答案的渴望。學校教育對我而言，真是既枯燥又乏味，有一次上數學課，老師在黑板上解題解了半天，口沫橫飛的，我心裡又忍不住的想：「學會解題，到底對我的人生有何意義？」

老師發覺我有些失神，問我在想什麼。老實的我據實以告，沒想到老師卻拿出藤條，狠狠地抽了我兩下手心。我覺得很冤枉。我無意挑戰老師的權威，也並不真的認為數學無用，我只是更想知道學習的意義是什麼？我渴望得到一個答案，告訴我為什麼值得花這麼多時間去學習這件事？就如同我一直認為，老天讓我降臨到這個世界，一定有所用意，但那是什麼？我想得好辛苦。

當我發現得不到任何共鳴，我終於想出了一個足以安慰自己的答案：「我一定是外─星─人！」唯有這個理由，才能解釋為什麼我總是和大家想的不一樣，我深信我是背負使命而來，而同伴們將會在我完成任務時，從宇宙的某一個角落乘著飛碟來接我。我決定暫時忍受孤獨，把問題放在內心深處，相信總有一天，我所屬的那個星球，會發出電波，告訴我答案。

念完大學，誤打誤撞通過國家技術人員任用條例，進入位於高雄的公務機關，在當時，我的月薪遠高於同期的畢業生。這是一份令人稱羨的工作，也是讓父母感到滿意的鐵飯碗。但是當我每天在實驗室裡忙碌工作，看著前輩們掛著隨身聽研究股票行情，樓下行政課的女職員優閒地聊八卦，我不禁懷疑自己的能力，因為我總是做不完課長分派的工作，申請加班時，工友板著臉、瞪著我說：「又要加班了啊，害我又得來幫你關門。」

坐在隔壁桌的前輩好心的指點我：「像你這樣每批都要仔細地檢驗，當然做不完啊，我們都是隨機抽樣，看起來差不多就可以蓋章了。」我雖然感謝他的好意，心裡卻覺得很不舒服，我才剛畢業，有理想、有抱負（雖然不清楚我能夠做些什

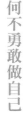

麼），我不想在此葬送我的鬥志。

我辦了離職手續，告訴父親，我已經決定到台北找工作。公務員退休的他無法諒解我的決定，但也阻擋不了我想飛的決心。

一個人在台北，兩三萬元的薪水，扣掉昂貴的房租和生活費，日子過得很拮据，但無論如何，我絕不向父親開口拿錢，我想證明，我的堅持是對的。

有一回，父親出其不意到台北來看我。在我的小房子裡，父親板起臉孔，嚴厲地訓斥我，要我收拾行李跟他回高雄，否則從此不准我再進家門。當晚我們起了非常嚴重的爭執，我看著父親甩門而去的背影，他的不諒解帶給我很大的痛苦，我流著眼淚寫下一封信，請他相信我、容許我做自己。我告訴父親，與其在他的保護下平淡過一輩子，我寧可選擇走自己的路，即使跌倒了、受傷了，我也要在痛苦中感覺到活著的力量。

信寄出去了，父親沒有回音，此後的兩年，我沒有再踏入家門一步。農曆年前，我請大哥幫忙把紅包拿給父親，但沒想到，紅包被退了回來，父親還是不對我說任何一句話。

我一個人孤獨而努力地生活著，父親的反對成了我奮發向上的力量。在工作之餘，我不斷地思索：我想要成為什麼樣的人？為什麼我要成為這樣的人？同時，我也大量閱讀專業雜誌與各種心靈成長的書籍，我記下經常受訪的專業人士，然後鼓起勇氣打電話給這些陌生的前輩們，請他們給我機會當面拜訪。

我一向就不是聰明的人，我知道唯有比別人更努力，才能在這繁華都會擁有立足之地。而讓我能夠加速成長的途徑之一，應該就是模仿標竿人物，向他們學習。訪談中，我仔細的記錄著這些成功人士最近所看的書、上過的課、參與的專業社團、在公司推動的專案，甚至遇到困難時的解決之道。我努力複製他們的行為、思想，甚至穿著，透過無數次的拜訪，逐漸在心中建構出那個未來的我，該是一個什麼樣的人。

二十七歲那年，我在日記裡寫下生平第一個五年計劃：我要成為一位專業的人力資源經理人。當時，我只知道依據我的特質、能力，適合走這一行，但除了適合

之外，我並不清楚是什麼力量驅使我做這樣的決定，我打算在工作中找出答案。

很幸運地，當時剛好有機會進入信義集團培訓部門工作，就任前，我問自己進入這家公司的理由，以及想要達成的目標，我毫不猶豫的寫下這段文字：「理由↓成就自己成為業界所認同的專業經理人；目標↓協助公司在人才培訓上成為有口皆碑、績效卓著的企業。」我把這段話貼在工作手冊中，每天當我進入公司的第一件事，就是翻看、默念這段文字，它給了我堅持下去的力量，也提醒我，無論如何，莫忘初衷。因為有目標，我聽不見辦公室裡的八卦、看不見眼前的阻礙，每天我懷抱著希望上班，在充實的滿足中離開公司，因為我知道，每度過一天，我離目標又更近了些。

公司每個月舉辦動員月會，在大會中，我看著那些在台上領獎的業務同仁，我想起他們剛進入公司的青澀模樣，從一個什麼都不懂的房地產菜鳥，透過有系統的訓練與指導，逐漸成長為一顆顆閃亮的明星；當明星成長了，又成為了導師，薪火就這樣不斷傳承下去。人影在舞台的燈光下晃動著，做為一位總是隱身於光環之後的幕僚，我雖然不能像他們一樣成為台上的焦點，但「成就他人」似乎總能帶給我更大的滿足與快樂。

信義六年，是我過得最充實，也是成長最快的一段時光。感謝這家公司，給了我最充足的養分，讓我盡情享受工作的樂趣，並且逐步邁向理想。由於創辦人的遠見與支持，我的團隊為公司贏得許多培育人才的獎項，成功地打破當時本土企業一向給人不重視人才的刻板印象。而拜公司成長所賜，我也在那幾年內，在自己的專業領域建立了小小的知名度。

回首來時路，對於工作的熱情始終不變，進入這個行業以來，我沒有一刻動過轉行的念頭。何其有幸，我能在年輕時知道自己是誰，並找到此生奮鬥的目標與理由，然後窮其畢生之力不斷鑽研、為此而戰，透過成就別人來成就自己的生命，我想，這就是我最大的幸運。

《心靈便利貼》

◎人生最大的遺憾不在於死亡，而在於這輩子有沒有真正的活過。無論你現在幾歲，搞懂自己是誰，永遠不嫌太遲。

◎不要誤以為只在乎自己的人生是一種淡泊的生活態度，相信自己是有使命的，你有絕對的責任，讓別人因你的存在而更加美好。

◎金錢或許能夠成為工作中短暫的動力，但卻無法帶來長期的滿足與快樂，唯有找到「內在的火山」，才能啓動源源不絕的動能。

◎如何找到為何而戰的理由？如果你還陷入迷霧之中，找不到未來的方向，那麼，請全心全意的投入工作，在淚水與汗水交織中，在痛苦學習與成長喜悅中，在自己的付出與他人的讚賞中，你會找到答案的。

競爭力升級，Action

◎ 以下問題，思考後誠實寫下你的答案：

1.你認識自己嗎？
2.這一生，你在追求什麼？
3.這一生你想留給他人什麼？
4.除了金錢之外，你為了什麼而工作？

◎ 我的立即行動方案：

1 ______________________________

2.______________________________

3.______________________________

第三部 愛的關係

來不及說，我愛你

18 一樣的丸子，不一樣的卡片

小玲是我的死黨好姊妹，一天相約喝下午茶，她拿出一張卡片，臉上充滿著幸福與驕傲，那是小學六年級的女兒——丸子特別為她製作的生日禮物。

這張卡片馬上吸引了我的目光，不僅色彩繽紛，而且極具巧思。卡片總共有三頁，第一頁畫了一個大大的蛋糕，上頭寫著：「猜猜看我要送你什麼樣的生日禮物呢？」底下還畫了好多小朋友爭先恐後地舉手、猜著各式各樣的答案，模樣可愛極了。

我迫不及待翻到第二頁，夾層裡放了張小卡片，原來是小丸子送給媽媽一張終身可以享受按摩的ＶＩＰ卡，她並且貼心地寫著：「親愛的媽媽，當你累了的時候，只要拿出這張卡片，丸子就會親自為您服務喔，還有當你心情不好的時候，也可以找我聊聊喔！」看到這裡，我對小玲說：「這孩子完全繼承了你的個性，又甜又貼心！」

我繼續翻到第三頁，令我驚訝的是，丸子居然把製作卡片的過程給畫了下來，畫面中的每一道流程，都是丸子描述當時情境的自畫像，尤其令我佩服的是，丸子年紀雖然小，但是頭腦可是清楚得很，因為，她完全掌握了要完成一件美麗事物最重要的關鍵，那就是「保持一顆快樂的心」，這正是丸子寫下的第一個流程。

我看完卡片之後讚嘆不已：「這孩子長大後，一定是個了不起的人物。她完全結合了你的感性與她爸爸的理性，她真是你們的完美傑作。」

小玲真的是超級感性的女人，聽我這樣說，她也不管咖啡廳裡還有其他客人，淚流滿面、語帶哽咽的握著我的手說：「我常覺得，小丸子就是上帝為了彌補我和她爸在婚姻中無法被滿足的缺憾而送給我的禮物，因為有她，我才覺得婚姻是值得的。」

她還告訴我：「你知道嗎，這一陣子我每天到各地講課，每天早出晚歸的，總

覺得身心俱疲。有一天我從台中回來，已經晚上十點半了，在7-Eleven買的便當還來不及吃，就趕著坐在電腦前修改講義，女兒就坐在我的旁邊陪著我，我看著她那粉紅色的小臉蛋，我突然哭了起來說：『丸子，媽媽真的好累喔！』這時，丸子握住了我的雙手，用她那充滿著童稚的聲音說：『媽媽，不要哭，你是百年難得一見的好老師，如果你的學生知道你在晚上十點半還在為他們工作，他們一定會很感動的！』」

我一邊吃著冰淇淋，一邊不斷地搖著頭說：「這孩子簡直是太棒了！」

丸子的爸是一位電腦專業人員，理性得不得了，和小玲剛好是兩個大極端，這也是在十幾年的婚姻中，兩人時有爭執的主因。我很好奇，如果是爸爸收到這樣的卡片，會擦出什麼樣的火花呢？小玲說：「丸子送給她爸的卡片都是在書店買現成的，然後寫上自己的名字就成了。」我很驚訝，為什麼一樣的丸子，面對爸爸和媽媽，會有如此大的差異呢？

我又繼續問：「難道丸子從來都沒有親自畫過卡片給她爸爸嗎？」

這時，小玲才回想起來：「有啦有啦，兩年前的一天，丸子很傷心地跑來跟我說，她覺得爸爸不喜歡她做的卡片，我安慰她：『不會的，丸子，爸爸那麼愛你，他一樣也會愛你送給他的禮物的。』可是丸子一邊哭著，一邊牽著我的手往書房走去，到了房間裡，丸子指著垃圾筒說：『媽媽，你自己看！』」

當時，小玲發現卡片居然被爸爸丟在垃圾筒裡了，連忙撿起來說：「爸爸一定是不小心才把卡片掉下去的，我們把它撿起來就好啦！」丸子這時很生氣的說：「才不是這樣呢，你看卡片的背後……」小玲把卡片翻了一下，上頭居然寫滿了老公隨手記下的電話號碼，原來粗線條的爸爸把女兒做的卡片當便條紙用了。丸子看了卡片一眼，然後放聲大哭了起來，小玲這時才了解，為什麼孩子會這麼傷心了，她準備晚上跟老公好好溝通這件事情。

當她跟老公說完這件事，換來的卻是老公的生氣與抱怨：「小玲，丸子這麼容易就受到打擊，證明你對她的教育是失敗的，我最討厭你們一天到晚都上演溫情戲碼，她現在為了點小事就受傷，那以後進入職場，鐵定是無法生存的。」

「可是，她畢竟只有小學三年級啊，有必要對她這麼殘酷嗎？」

「這件事哪裡殘酷了，我實在搞不懂，丸子把卡片送給我，不就等於我是這張卡片的新主人了嗎？我看了，她的心意我了解了，這張卡片的價值就發揮完了，我物盡其用，把它當便條紙，紙上寫滿了電話號碼，之後當然就丟了，這有什麼好大驚小怪的？」

小玲說不過老公，氣得走回房間，反倒是丸子安慰媽媽：「媽媽，不要生氣，雖然我聽不太懂，但是我想爸爸說得大概也是有道理的。」

第二年，丸子買了張簡單的卡片，並且在爸爸的臉上親了一下，就完成了當年的生日禮物。我問小玲：「你老公收到與去年不一樣的卡片，有沒有什麼反應啊？」

「他唯一的反應就是『喔，這張卡片不錯喔，空白地方很多！』」

我們倆故做昏倒狀，在咖啡廳裡狂笑不已。我更確定，這小孩，是天才！因為，她從小就知道如何「滿足客戶的需求」！

《心靈便利貼》

◎有沒有發覺，別人對你的待遇和對待他人有何不同？要抱怨你所得到的差別待遇前，先想想看自己，你對待他人的方式又如何？

◎聰明的丸子教會我們要用不同的方式對待不同的人，因為「人」是如此的不同。

◎行為的產生是來自於彼此互動的經驗，如果你希望得到溫暖的感覺，那就先付出你的關懷吧。

◎人生的確有其殘酷面，但教育他人了解這件事情的時候卻不一定要用殘酷的手段。

◎珍惜並感激他人的付出，那是一種慈愛的表現。

競爭力升級，Action

◎ 以下問題，思考後誠實寫下你的答案：

1.你認為別人對你有差別待遇嗎？不論好壞，請想想，可能的原因是什麼？
2.你曾經在不經意間忽略了他人對你的付出嗎？
3.當他人對你付出關懷時，你通常如何回報他人？

◎ 我的立即行動方案：

1.________________________________

2.________________________________

3.________________________________

19 去掉自以為是的無效行為

部門會議結束後，小趙還留在座位上，顯得有些心神不寧。我問他最近怎麼了，他說，「我真的搞不懂女人欸，結婚前是百依百順的小女人，婚後卻變成嘮叨的管家婆，好像我怎麼做都不對似的。」

這一陣子，我觀察到小趙對工作的投入好像大不如前，我打算花點時間跟他聊聊，以釐清其中的關鍵。

「昨天晚上，我跟老婆又吵架了，最近她一直怪我不花時間陪她，我覺得很冤枉欸。你也知道的，以前我下班之後總是和一群朋友混在一起，可是婚後，我真的改變很多，每天一下班就回家啊，她還有什麼好抱怨的？」過了幾天，在餐會上遇到小趙的另一半——麗君，一看到我，她就拉著我急著數落小趙的不是：「小趙以

前都會花很多時間跟我聊天，自從結婚之後整個人都變了。」我說：「小趙現在真的是以你為中心欸，連部門聚餐都很少參加，我看他都快變成宅男了。」

麗君不以為然，「你不要被他騙了，他現在的確是花比較多時間在家裡，可是，他在家的時候整個人就盯著電視，活像個沙發上的馬鈴薯，只剩下一根指頭用來按遙控器，對我簡直是視若無睹，更不要說是陪我聊天說話了。」我向小趙使了個眼色，他馬上跟嬌妻撒起嬌來：「唉呀！我雖然眼睛看著電視，但是我的心還是在你身上啊！」

「那就請用行動表現出來，好嗎？」麗君瞪著老公說道。

他們爭執的關鍵在於，小趙自認已經盡了做丈夫的職責——每天下班按時回家；但麗君卻認為這件事一點都不重要，她真正在意的是，丈夫是否展現了「關心」她的具體行動。

我的另外一位朋友小如，也發生過類似的狀況。有一天一起吃飯的時候，她告訴我，婚姻生活並不像想像中的甜蜜與美好，言談之中彷彿有滿腹的委屈：「昨天，我先生居然對我說，我給他的壓力太大了，我聽了簡直快崩潰，結婚以來，我一直很努力要做個賢慧的妻子，每天為他做牛做馬毫無怨言，得不到他的感謝也就算了，還落得如此下場，真的很不值得。」

小如是我多年的好友，在外人看來，她對老公的照顧簡直到了無微不至的地步。她老公的壓力何在，我也很好奇，「昨天到底發生了什麼事？把細節說清楚一點吧！」小如抬起頭，回想著昨天發生的情景。

「你知道的，我老公是個警官，我覺得他的工作真的很辛苦，所以嫁給他之後，我就決定這輩子一定要好好照顧他。昨天我跟往常一樣，煮了一桌好菜等他回來，我知道他工作忙，也不敢打電話催他下班，好不容易到了晚上八點他終於進了家門，我一邊忙著熱菜，一邊要他準備上桌，沒想到他老太爺就窩在沙發上看電視，一動也不動。我還耐著性子再問他：『你要不要吃飯啊？』老公說他累了，想先休息一下，我這溫柔賢淑的女人一想，那就先去幫他放洗澡水吧！水放好了，嘿，他老兄躺在沙發上睡著了，可是水涼了怎麼辦咧？我只好把他叫醒啊，我跟他

說：『你既然累了，就不要再看電視了，應該趕快先去洗澡，再不去洗，水都要涼了，還有我煮了一桌子的菜，今天不吃完，明天你又不一定能回家吃，那怎麼辦啊！』」

我一聽頭都昏了，心想，這女人怎麼這麼不會講話啊！「你認為你夠了解他嗎？你知道他心目中的好太太是什麼樣子嗎？你知道你要做些什麼才會讓他滿意嗎？」

「這還用問，我看我爸媽就知道啦，我爸對我媽滿意得不得了，我媽就是這種會服侍老公的女人啊！我都是跟我媽學的啦！」

我不認同這種論調，馬上說：「不對不對，你老公又不是你爹，他對老婆的期望不一定跟你爸一樣啊，我勸你還是好好的問一下你老公吧！」她不置可否，一臉不以為然的樣子。

過了一陣子，小如約我晚上一道吃飯，這讓我很驚訝，「你怎麼了？以前不都要回家煮飯嗎？」小如一邊拉著我走進餐廳，一邊說：「唉呀，多虧有你，我現在的日子過得可好咧！」我們坐定之後，小如繼續說：「上個月，我們又吵了一架，場面比上一次還火爆，當我準備使出我一哭二鬧的撒手鐧的時候，突然想到你跟我說的話，所以我就問他啦，到底我要怎麼做才是他心目中的好太太，結果讓我好意外，他居然想都沒想就告訴我：『很簡單，那就是不—要—管—我！』」

「我不敢相信我的耳朵，」小如繼續說，「我問他：『我不用幫你煮飯？不用幫你放洗澡水嗎？那你餓了怎麼辦？』沒想到我老公居然深情款款看著我說：『小如，我知道你是真心想要對我好，但是，我真的不習慣你的照顧，由於父親早逝，我從小就得幫著媽媽照顧弟妹，八歲我就學會了蛋炒飯，媽媽為了生計得外出打工，我餓了，一切都得自己來，我是在這樣的環境之下長大的，所以，你為我做這麼多事，我反而覺得很有壓力。其實，在外面累了一天，回到家我只希望能夠好好休息，放鬆一下緊繃的情緒，這時，如果你可以多給我一些安靜自由的空間，我會很感謝你的。所以以後你下了班，想做什麼就去做吧！我喜歡看到快快樂樂的你，至於飯菜、洗澡水那些事，對我真的一點都不重要。』」

「老公的這一番話，讓我突然發覺，原來男人對於『太太』這個角色真的有不一樣的定義，我為他做了那麼多的事，搞得自己很辛苦很委屈，但卻無助於婚姻的美滿，現在想想，我真的很呆欸！」

我對著總算開了竅的小如說：「對你先生而言，這些事不是你為『他』做的，而是為了你心目中以為的那個『他』而做的，還有，你不是呆啦，只是傻傻的做了很多浪費時間的『無效行為』罷了。」

我們在職場中，不也經常如此嗎？

我常聽到有許多人發出不平之鳴，抱怨在工作中付出太多，而得到的報償卻太少；總是認為公司或主管虧待了他，甚至終其一生認為自己懷才不遇。但是，也許我們真的該靜下心來思考分析，我所「服務」的對象，包括老闆、同事、部屬，甚至家人，到底在乎些什麼？我做的這些事，所展現的行為，真的能夠增進彼此的關係？真的能夠為自己加分嗎？

《心靈便利貼》

◎與其浪費精力在無法產生效益的事物上，不如先關注對方真正在乎的是什麼？

◎不要踏入盲與忙的陷阱中，每周至少十分鐘，讓自己沉澱心靈，淨空思維，拒絕讓「忙得沒時間思考」成為生活的常態。

◎放棄自以為是的固執，經常問自己，我現在做的這些事真的能夠為我加分嗎？

◎養成「重回現場、換位思考」的習慣，列出在當時的情境下，對方的感受是什麼？哪些言語、動作是屬於破壞性的無效行為，警惕自己，下次別再犯了。

競爭力升級，Action

◎ 以下問題，思考後誠實寫下你的答案：

1.你認為你的付出與所得到的成正比嗎？
2.在工作中，你所服務的對象是誰？他們真正在乎的是什麼？
3.你忙得沒有時間靜下來思考嗎？
4.嘗試列出在工作或生活上，哪些行為是無法讓自己加分的無效的行為？

◎ 我的立即行動方案：

1.______________________________

2.______________________________

3.______________________________

20 向老天訂做一個他

我是個晚婚的女子，在追求愛情的過程中，我也和多數人一樣，曾經為愛流淚，為愛受傷，但無論如何，我也從這個過程中透過不斷的自我探索，慢慢了解自己是個什麼樣的人，自己想要的是什麼樣的婚姻、什麼樣的人生。

從第一次懵懂的初戀到踏入婚姻殿堂，每一段戀情，都讓我在淚水與苦澀之外更深層地發現自我。我還記得念大學時，某天晚上接到男友的電話，告訴我他終於決定出國求學，電話的那頭說：「請你等我……」不知怎地，我望著窗外的月亮，淚眼矇矓，心很痛，卻沒有答應他的勇氣。回到房間，一陣宣洩之後，我不斷地問自己，為什麼寧願選擇結束而不願抱著希望等待著？愛情對我而言，究竟是什麼？在那一刻，我懷疑，難道自己根本就不相信世界上會有天長地久、永恆不變的愛

情，如果真是如此，我又何必追逐愛情？

過了兩天，心痛的感覺漸漸平復，我問父親，為什麼我恢復得如此之快，是我對愛情絕望了嗎？父親說，是因為那男孩不是我生命中「對」的人。

那麼，誰是對的人呢？這是一段漫長的探索之旅，在愛情的國度中，每遇見一個人，無可避免的總會在生活中產生變化與影響，這個人，也許讓我痛苦，也許讓我快樂，也許讓我堅強，也許讓我脆弱，而當愛情逝去，父親總會在我傷心落淚時對我說：「不要再哭了，眼淚無法改變事實，下一個人會更好。」父親的這段話在當時聽起來，讓我覺得好冷酷，但也提醒了我，下一個「他」，該是一個什麼樣的人？

進入職場後，我努力地往目標邁進，我發現，工作的成就感遠大於愛情所能給我的滿足，於是我開始思索，婚姻存在的必要性。

有一天晚上在公司加班，隔壁部門的女主管接到一通電話，是她小學五年級的兒子打來的，在電話裡哭鬧著要媽媽早點下班，同事很有耐心地哄著說：「好了，你不要再哭了，你再鬧下去，媽媽真的做不完囉……」勉強掛了電話，三分鐘之後，老公接著打來，霹靂啪啦地把她罵了一頓，語氣強硬地說，如果晚上十點沒出現在家門口的話，就等著簽離婚協議書吧！

這位同事是一位很優秀的主管，在職場上一步一步地奮力往上爬，但在此刻，我相信，她正處於婚姻與事業的矛盾中，她拿起背包，對我瀟灑地揮了揮手說：「年輕人，記得要找對的人！」那口氣，真像我老爸。

我問身邊的朋友，當初如何挑選另一半？答案不乏老實、顧家，以及一份穩定的工作等標準答案。

我疑惑的是，每個人有不同的思想、不同的際遇，但為何對另一半的選擇卻如此一致？如果這就是婚姻幸福的保障，為什麼還有那麼多的怨偶在婚姻中彼此折磨著？除了這些表面的條件之外，一定還有更重要的因素等著我發覺。

年過三十，常有人問我是不是不婚主義者？爸媽和周圍的親友也總是不斷對我曉以大義，告訴我「女孩子家終歸要走入家庭」、「看到條件不錯的人就可以嫁

了」這一類的話，三十歲女子在台灣社會思想的包袱下，似乎很難選擇一條不一樣的人生道路。

適婚的朋友們因不敵被逼婚的壓力，紛紛走入禮堂，卻又在婚姻裡不斷抱怨另一半，我並不想過這樣的生活。我堅決的認為，那些在旁邊「教唆」我盲目走入家庭的人，無權決定我的人生，幸福得靠自己尋找。

為了抵擋排山倒海而來的壓力，我決定寫下一份「擇偶Check list（檢核表）」，為自己的另一半開出我心目中的「完美老公規格書」。某一個周末，我坐在書桌前，以謹慎、嚴肅的心情，開始與自己的內在進行對話，我閉上眼睛，回想起經歷過的愛情與戀人，一一寫下他們的特質，以及曾經帶給我的感受；我也試圖列出這輩子渴望達成的人生目標和理想的生活方式，我問自己，Mr. Right該具備那些條件，才能夠讓我的人生更加美好？

經過一段心靈沉澱之後，我振筆疾書，完成了一份鉅細靡遺的「擇偶規格書」，總共分為五大類：一、外在條件，如相貌、職業、學歷等；二、家庭背景，與自己的成長環境越接近，越能降低雙方的適應壓力；三、個人特質，我希望他是善良的、理性的、尊重差異的；四、價值觀，他必須是追求成長的、對貢獻社會懷抱理想的；五、婚姻觀，他必須認同婚姻的本質是讓雙方生命更加完整，而不是一味的要求對方為自己犧牲、改變。

寫完之後算了一下，五大類共洋洋灑灑一百七十九條，這彷彿是一段自我發現的歷程，透過表格的完成，我更加清楚了解，原來我要的不只是一個「婚姻」、一個「新的家庭」，更重要的是，我更渴望這是一段相知相惜，能夠讓雙方完成人生理想的一種夥伴關係。但同時我也有所體悟，以我這種不輕易妥協的個性，這一輩子，大概很難嫁得出去了。我告訴自己得為單身生活做好準備。

隔了一陣子，又有熱心的同事要為我安排相親，我跟她說：「這是我的『檢核表』，你先拿去比對一下，對方符合的程度如果達到七〇%的話，我們再約見面的時間。」

同事接了過去，十分鐘後，桌上的分機響了，那頭傳來了驚訝的聲音：「你

瘋了啊，寫這麼多條，你不怕嫁不掉啊！」我更不解：「為什麼要怕呢？嫁不掉總比嫁錯人，倒楣一輩子好吧！」自此以後，拜檢核表之賜，身邊的熱心人士不再出現，他們都認定我是個獨身主義者。

我並沒有放棄走入婚姻，我只是寫下一百七十九項條件，因為我相信，這同時也是一份給老天爺的「訂單」，條件寫得越清楚，月下老人就越知道該如何幫我找到「對」的姻緣。另一方面，這份檢核表也是我的一面鏡子，我不斷的反省思考，擁有這些條件的人會被什麼樣的女子所吸引，而現在的我還欠缺些什麼？我又該如何修煉自己，讓自己更值得一段美好的姻緣？

總之，我把婚姻大事當成工作目標一樣，擬訂計劃表，一步一步的往前走。我打從心底堅定的認為，總有一天，老天爺會送給我一個完美的他。

三十六歲那年，因為工作專案的需要，我想尋求學術界的指導與協助，一位部屬說：「不如到政治大學找我的老師吧，他剛從國外回來，做的就是這方面的研究。」於是，我們一行三人走進政大校園，到了心理系的某間研究室，敲了敲門，門一開，畫面彷彿停格般，眼前出現的這個人，讓我心頭為之一驚，別誤會，不是因為他長得特別帥，也不是天雷勾動地火的一見鍾情，只是覺得似曾相識，有種好熟悉的感覺，那天離開之後，我直覺，這個人一定跟我有某種關係。

過了一陣子，我報名參加一個訓練課程，其中一堂課的講師是他。在課程中，他問了大家一個問題：「覺得自己是外星人的請舉手！」我不假思索馬上舉起右手，從小到大，我對於自己是「外星人」這件事，一直是深信不疑的。

現場響起一片笑聲，我環顧四周，令人驚訝的是，舉手的居然只有我一個。下了課，他拿著幾張紙，很有禮貌地問我介不介意填寫這些問卷，我很快完成之後，好奇地問：「問卷中顯示了些什麼嗎？」他看了看，笑了笑說：「你是一個身心很健康的人！」我聽得一頭霧水，帶著更多的問號離開教室。當時，只覺得他是一位熱心的老師。

在專案工作中又遇到瓶頸，於是我想起了這位老師。當時我在竹科工作，我們約了周六上午見面，沒想到一向路癡的我，開著小汽車在台北街頭迷了路，直到中

午才找到政大。為了表示歉意，我只好請他吃中飯，沒想到，這一餐飯，我們從中午十二點一直聊到了晚上十點。走出餐廳，我快速地在腦海中掃描著檢核表，我幾乎可以確定，以現況來看，他至少滿足了五〇％的條件，我告訴自己，這是一位值得花時間繼續了解的對象。

當天晚上，在高速公路的車陣中，我突然覺得天地之間，似乎有股無形的力量在操縱著每一個人的人生，就像幾米的繪本《向左走，向右走》一樣，我們曾經在同一個城市生活、成長，跟同一群朋友交往著，但，不用著急，老天爺總要等到「對」的時間，才會把「對」的人帶到你的面前。

我們繼續忙於工作，沒有太多時間見面，在這期間，我透過熟識的朋友從旁打聽他的一切，他則運用他的專業，三不五時要我填一堆問卷，然後從心理測驗中了解我，基本上，我們秉持著專業的精神，為了彼此的幸福，努力當個婚姻的head hunter。

快過年了，有一天在電話中，他問起我的年假有何計劃，我告訴他要和爸媽一起去峇里島度假。

「跟團嗎？我也一起去好了，省得我自己還要找出團的資料。」

他和調皮搗蛋的我不同，從小到大一直是勤勉的好學生，我知道玩樂這件事從來就不是他的「專長」，他說這句話可能是真心的，但依常理判斷，也可能是他想藉此機會多與我相處。然而，我並不想在三十六歲的「高齡」，還得忍受愛情中最痛苦也最費時的階段——曖昧不明，我決定拋去傳統女性的矜持，直接問個明白：「我們都是成熟的人了，我想知道你的動機，如果純粹真的只為了省事，那我就以朋友的立場幫你報名，但如果你認為我有可能是你未來的對象，也請你直接告訴我，我好決定該以何種方式與你相處？以免浪費彼此的時間。」

電話那頭沒反應，我以為線路出了問題，正打算掛上電話重撥的時候，他吞吞吐吐的說：「我想，是後者……」

他是標準的書生型的學者，性格溫良，我想，他可能被我的直接嚇壞了，但是，我是一個在緊要關頭，非常重視細節確認的人，我以一種嚴肅的語氣告訴他：

「張老師，這對我們來說都是一個重要的關鍵點，我並不希望因為溝通錯誤造成誤解，而浪費彼此寶貴的時間，所以，還是麻煩你完整的說一遍，好嗎？」

電話那頭呈現出無聲的狀態，我拿著話筒，決定跟他耗著。大約過了十五秒，我清楚地聽到他說：「其實，在看過那些問卷，又和你交談之後，我就發覺你滿符合我唯一的結婚條件，那就是『身心健康』，所以，我想，這一趟就讓我們彼此多了解一些吧！」於是這通不到十分鐘的電話，帶著我們跨越朋友的階段，正式準備進入愛情。

除夕前一天，他為了表示對我父母的尊重，特別從台北南下到家裡探望兩老，父親拿出當年在警界的調查功力，一陣問訊之後，確認他是個理想的女婿人選，當下做了一個相當明智的決定——放棄與我們同行。那年春假，雖然少了女兒陪伴，但我知道，那應該是他們最興奮的一次農曆春節。

我知道這趟峇里島之行，不該只是一趟普通的度假行程，更是我通往婚姻之路的轉運站，之後也許從此邁入婚姻，但也可能就此分道揚鑣，各自回到生活的軌道裡，此行成為終點站。於是在出發前，我擬定了因應策略——觀察、觀察、再觀察；坦誠、坦誠、再坦誠。

在峇里島的那幾天，我從生活細節中更確認了他的性格：每回上菜，他總是第一個起身為大家盛飯；集合時，他是最準時到達的人，對於常遲到的團員，他總以微笑包容、晚上起風，他會為我多準備一件外套……這些動作，每天如此重複著，我想他的體貼、紀律、包容與善良，早已成為他的信仰，融入在生活習慣裡了。

大多數時間我們都在聊天，看起來斯文內斂的他，談起專業與理想，總是滔滔不絕，眼神裡有種熱切的光芒，眉宇之間的那種讀書人先天下之憂而憂的氣質感動了我，雖然沒有任何的甜言蜜語，但，我確定他就是我生命中的Mr. Right。

回國之後幾個月內，我們結婚了。

我常想，愛情中一定要有激情、浪漫、鮮花、鑽戒，以及海誓山盟嗎？我真的不在乎這些，因為，「人」的價值不在於物質的表象，「心靈的距離」才是幸福的關鍵。

《心靈便利貼》

◎什麼是對的人？婚姻的本質是許諾雙方成就更完整的生命，而不是彼此折磨，撕裂生活品質與理想。

◎與其在婚姻中痛苦、後悔，倒不如在婚前花時間寫下擇偶檢核表，向老天爺勇敢的開出你的訂單。

◎花時間做自我探索，越了解自己的人，越能擁有幸福與自由。

◎把檢核表當成一面鏡子，請想想你有什麼地方值得理想伴侶的追求，把它當成一門功課，努力讓自己變得更好，更吸引人。

◎不要因為壓力而匆促走入婚姻，一旦你準備好，老天爺會在對的時候，把對的人帶到你身邊。

◎不要被表象所迷惑，你和他的「心靈距離」才是決定一生幸福與否的關鍵。

競爭力升級，Action

◎ 以下問題，思考後誠實寫下你的答案：

1.你對「另一半」的定義是什麼？
2.做為別人的「另一半」，你是否盡力讓他人的生命因你的存在而更加美好？
3.對你而言，婚姻生活中最重要的是什麼？
4.你和伴侶的價值觀是否一致？

◎ 我的立即行動方案：

1.______________________________

2.______________________________

3.______________________________

21 撕掉心中的標籤

十年前，朋友送了我一隻貓，從此開啟了我與貓咪的不解之緣。

菲力普是一隻藍波斯，我常覺得我和牠之間有一種說不出的特殊情緣，在生活中我們彼此緊密的依賴著。我在家的時候，牠總是膩著我，陪著我看書，陪著我睡覺；我流淚的時候，牠會跳到我身上，用前腳溫柔的撫摸著我的臉。

菲力普最喜歡的電視頻道是Discovery，牠能夠非常專注的看完一整段節目直到廣告出現，牠聽得懂我說的話，也懂得用牠的方式讓我了解牠的意思。此外，菲力普還是我們一家人的救命恩人。

多年前一個夏日深夜，我和先生睡得正熟，半夢半醒之間隱約聽見菲力普的叫聲，我實在累得爬不起來，躺在床上哄著牠說：「普普，不要叫了，這麼晚了大家都在睡覺，你要乖乖喔！」話一說完我又昏睡過去。過了一會兒，菲力普又跳上床，這回跑到我頭上用爪子來回抓著我的頭髮，我轉過身想抱牠，牠卻一溜煙跳到床下，喵喵叫聲越來越大。我只好坐起身，菲力普在房間的另一端睜著又圓又亮的眼睛看著我，眼神裡似乎想說些什麼，我問牠：「你是不是想要告訴我什麼？」

菲力普眨了眨右眼，這是菲力普表達「是」的方法，這時我已經完全清醒，下了床，突然聞到一陣刺鼻的味道，我跟菲力普說：「來，你告訴我吧！」

菲力普抓了抓門，示意要我開門，我們走出房間，牠走在前面，帶著我穿過書房、餐廳，最後到了廚房，停在瓦斯爐前回頭對我喵了一聲。我看到眼前的景象，簡直是嚇壞了！廚房裡濃煙密布，爐子上被燒得扭曲變形的水壺散發出刺鼻的塑膠味，我趕忙把火關了，打開窗子讓空氣對流，這才想起睡前燒開水，還沒等到水燒開，先生和我完全忘了這檔事就關燈上床睡覺了。

我滿心感激地把菲力普抱在懷裡，狠狠地親了牠好幾下，要不是牠鍥而不捨把我叫醒，當晚的後果還真是不堪設想呢！

菲力普是如此的聰明、冷靜、優雅，牠既像個英國紳士，也像位大哲學家。幾年相處下來，菲力普很成功的在我和老公心目中樹立了貓咪的良好形象。

正因為貓咪是如此美好，我和老公興起了再養一隻的念頭，一方面也可以為因年長而漸漸失去活力的菲力普增添一些生活樂趣。於是第二隻貓——小球，在兩個月大的時候進了我們家。

我們滿心歡喜的迎接小球，看著這圓滾滾的小東西，我們幻想著，牠將會和菲力普一樣的聰明。

但是事實卻令我們大失所望，小球不僅不是個聰明伶俐的孩子，牠的特質完全與菲力普相反。菲力普勇敢，小球膽小，每回家裡門鈴一響，兩隻貓總是往反方向狂奔；菲力普跑到門邊等著看是誰來了，小球卻跑到房間躲起來。

菲力普喜歡學習，喜歡聽我們說話；小球則是只要我們跟牠說話超過五秒鐘，牠就會整個陷入昏迷狀態。

有一回，在大學任教的老公正在備課，自言自語地覆誦著書中的重點，菲力普便跑到老公面前坐下來，十分專注的盯著他看，老公發覺有了聽眾，於是越講越投入。十分鐘過去了，菲力普還是很捧場地繼續聽講，坐在那兒一動也不動。小球這時也來了，仰著小臉蛋滿是好奇。老公一看又多了個學生，講得更賣力了，還增加了手勢把剛剛的內容歸納成五大重點，老公看看左邊，問菲力普：「這樣你聽懂了嗎？」菲力普對教授眨了眨右眼，喵了一聲，老公很滿意地點點頭，正準備問坐在另一邊的小球同學，這才發現這個胖小子早已經不支倒地，四腳朝天，呼呼大睡了。看到這景象，老公感慨地對我說：「你看，同樣的一班學生，同樣的教法，有些人很認真學習，但有人只要一上課就打瞌睡，唉！真是沒辦法。」

小球還有一點與菲力普不同，菲力普優雅愛乾淨，方便的時候總是自己到陽台上的貓砂盆解決，上完廁所還會小心翼翼地埋好，聞了又聞，確定臭味沒有四溢才放心地離開。小球則大大不同，牠不但會不定時在家裡四處大小便，舉凡地板、沙發，甚至連床上都有牠的傑作！

我們為此困擾不已，但無論我們對小球如何動之以情、說之以理，牠總是歪著

小腦袋、瞇著小眼睛，傻傻的看著我們，情況依然沒有改善。有一天，我終於受不了了！

我打算採取更積極的做法，於是打電話詢問動物醫院的醫師，在電話那頭，醫師用專業權威的口吻說：「我一聽你這種情況啊，就知道是你們寵壞了牠，牠完全搞不清楚這個家誰是主人嘛，牠不聽話，你們就要教訓牠啊！狠狠打牠一次，就會知道啦。」掛了電話，我和老公商量之後決定，這種事由他來執行。

當天晚上，小球又在書桌旁上了大號，老公看了看我，我們知道該是祭出撒手鐧的時候了。老公抱起小球，我則躲進房間，因為我實在不忍心見證這種殘酷的場面。隔著半掩的房門，我聽到老公打小球屁股的聲音，我不敢看小球的表情，卻心疼到了極點。我在房間裡難過得流眼淚，老公每打一下，我的心就如同刀割般跟著揪起來，那一刻，我終於體會什麼叫做「打在兒身，痛在娘心」了。

隔了一會兒，老公進了房間，我們四目相望，我才發現老公也紅了眼眶，正當我們想來個相擁而泣的時候，小球推開門走了進來，楚楚可憐地望著我們。我拍了拍床，小球很乖巧的跳了上來，坐在我倆面前，正當老公想伸手撫摸牠，給牠一點點父愛的安慰，我們發覺，小球身邊有一片黃色的液體正在慢慢的擴散……我們馬上彈了起來，同時大叫：「天啊！他又尿尿了！」

在各種策略都宣告失敗之後，我們已經完全認命，打從心裡認為小球就是一隻憨傻的、不愛乾淨的小貓了。有一天，媽媽從南部北上住在家裡，幾天之後當我又跪在地上為寶貝小球清理大號，老媽翻著報紙，一邊抬起頭看看我：「妳真是個貓奴欸！」我笑了笑：「沒關係，誰叫牠長得這麼可愛！」老公在一旁也說：「對啊對啊！牠這麼可愛，笨一點髒一點沒關係啦！」

老媽繼續看著報紙悠悠地說：「你們有沒有想過換另一種貓砂？也許牠不喜歡現在用的這種。」我驚訝地問：「你怎麼知道？」

「我當了一輩子的媽，怎麼會不知道，我就是知道啊！我跟你們說啊，教小孩之前要先學會觀察，不要只是亂教或不教。」我轉頭問了小球：「是這樣嗎？」小球的眼神依然迷茫，沒有給我任何答案。

我決定恪遵母訓，之後的一周我拒絕加班，每天回到家，不再看電視，不再做白天未完的工作，把所有注意力都放在小球身上，幾天之後，就有了驚人的發現！其實，小球每次在方便前都會先跑到貓砂盆旁，聞了又聞，左腳先踏進去，再聞一下，猶豫了好一陣子之後，最後總是又退了出來，另外找尋方便之處。得到這個線索之後，當天晚上我搶在寵物店打烊之前衝進去，精心挑選了一種全新的、有香水顆粒的貓砂。

第二天早上醒來，我懷著緊張的心情走出房門，一一檢查環境，竟然沒有發現任何可疑的「遺跡」。這時老媽跑過來拉著我的手，小聲的說：「你們過來看！」連老公一起，三人躡手躡腳走到陽台，我們又憨又胖的小球，居然站在貓砂盆裡，正在聚精會神、專心一意的上—廁—所！

看到這一幕，我又流淚了。我真的好慚愧，原來這些日子以來，我們都誤會小球了，老公這時激動著抱起了小球，語帶哽咽：「小球，都是爹地的錯，請你原諒我！」

小球的行為持續了多久？自從換了貓砂之後，小球就再也沒有隨處方便了。從那一天開始，在我們心裡，也徹徹底底的把貼在小球身上的標籤給撕掉了。

《心靈便利貼》

◎家有一老如有一寶。媽媽的話裡蘊藏了人生的智慧，遇有解不開的結時，長輩是最好的請益對象。

◎我們常習慣為身邊的人貼上標籤，而且深信他就是這樣的人，其實，這不過是我們個人主觀的看法罷了。

◎你喜歡為他人貼上「標籤」嗎？這個動作會讓我們看不清事情的本質，更會讓我們失去了探究真相的動力。

◎無論對待小孩、寵物或部屬都是一樣，要先學會觀察，不要只是亂教或不教。

◎永遠對他人保持一顆開放的心，去掉「貼標籤」的壞習慣，你會驚訝的發覺，其實「他」並不是你想像的那個樣子喔！

競爭力升級，Action

◎ 以下問題，思考後誠實寫下你的答案：

1.你曾經花時間觀察及了解他人嗎？
2.你認為你的同事、部屬或主管是什麼樣的人？
3.以上的看法，如何影響著你與他人的互動與學習？

◎ 我的立即行動方案：

1.______________________________________

2.______________________________________

3.______________________________________

22 小球教會我的事

小球走了，即使過了一年，卻仍然在每一個牽動記憶的時候，感覺到那種椎心的刺痛。

小球是一隻貓，二〇〇三年四月十三日生，他是一個可愛的、憨厚的小男生，雖然是個傻小子，經常闖禍，但，我愛他，把他當成兒子般的疼愛。

我無法忘記二〇〇七年十一月七日凌晨四點半，在睡夢中，老公用力把我搖醒，慌張地說：「快來看看小球，他不大對勁。」我衝下床，跑到廚房，看到小球靜靜躺在地上，兩眼緊閉，一種極度不祥的預感迎面襲來，我用顫抖的雙手推了推他，沒有反應。

「小球、小球……」我急促地呼喊著他，小球還是沒有醒來，老公抓了個毯

子，把他抱在懷裡，要我趕快發動車子，送小球到動物診所。

前一天晚上，小球才從這家診所打完五合一疫苗，不到幾個小時，現在，他卻一動也不動了。凌晨的街上霧濛濛的，前面的路迷迷茫茫，我寧願相信這是在夢裡，我一邊慌亂的開著車，一邊摸著他的身體，我無法止住我的眼淚，我知道，小球再也回不來了，因為現在的他沒有了呼吸，也沒有體溫。

醫師無奈的向我們宣告小球的死亡，老公撫摸著他的身體，難過得說不出話來，而我，則坐在診療台前的椅子上放聲痛哭。我不斷喃喃自語：「都是我的錯，是我害死了小球。」我真的很自責，昨天晚上本來是帶小球來治療耳蟲的問題，但醫師卻建議可以「順便」施打疫苗。

小球一向很怕生，是個容易緊張的孩子，在看完耳朵的毛病後，小球蹬起了肥嘟嘟的前腳，爪子緊緊地抓著我的肩膀，彷彿要我帶著他趕快離開似的，我直覺有些不安，不確定地又問了醫師一次：「真的可以打疫苗嗎？」醫生很篤定要我放心，就這樣，我錯過了我的直覺，也賠上了小球的生命。我無法原諒自己，我痛恨我自己成了劊子手，看著小球依舊天真的臉龐，我想起那晚他的眼神，安靜深邃，卻有一種如他性格般的認命。

他才四歲啊，我無法接受他就這樣走了，我呆坐在小球的身旁，不肯離開，他是我的家人，我怎麼可以留下他，不把他帶回家呢，那一刻，我終於體會到生離死別是一種多痛徹心扉的感覺啊！

我無法止住淚水，不斷地哭泣，老公只好勉強打起精神，向醫師詢問起後續處理的程序。雖然醫師自責地表示願意負擔小球的喪葬費用和一切的處理程序，然而，在此刻，即使我對這位醫師有再多不滿，金錢又能彌補得了什麼呢？失去小球已經教我心如刀割了，我又怎麼捨得讓他孤單的走完最後一程？想起他的美好，他的可愛，我堅持要為小球親自找一處長眠之地，好好的為他安排這最後的路。

回到家，打開門的那一刻，我突然發覺這個小生命對於這個家有多麼重要，擁有他的時候，那種快樂、滿足，就好像呼吸一樣的自然，看著他曾經抓破的沙發，曾經打破的花瓶，曾經跳上跳下的陽台，曾經到處方便的痕跡，他的調皮，曾經讓

我幾度抓狂，但是現在，我多麼懷念那種存在的感覺，多希望他可以再醒過來，如果生命能夠重來，我不會再浪費時間，為了他的闖禍而生氣，我想，我會緊緊的摟著他，給他百分之百的溺愛，只要他醒過來……

我們在淡水找到了一處寵物安樂園，在那裡，我為小球挑了一個面海的，最高的塔位做為他的長眠之處，園裡的工作人員好心的提醒我說，那位置太高，不太方便祭拜，但我知道，小球一定會喜歡，因為他是一個不太理人、喜歡站在高處遠眺外面世界的小孩。

送走他的那一天，我帶了他最喜歡吃的水果和食物，師父為他誦經前，特別告訴我和先生，待會兒千萬要忍住悲傷，否則小球會因為我們的淚水而不忍離去，先生拍拍我的肩膀，要我一定要堅強起來。點香了，開始誦經了，我們雙手合十，隨著師父的帶領一起念著經文，當我正專心的為小球祈福的時候，先生的哭泣聲卻越來越大聲，我轉過頭看著他，這才發現，他早已淚流滿面，無法自已，原來他對小球的愛與不捨，在我開始堅強的這一刻才得以釋放。

於是我抱著他，又哭成一團，師父趕忙停下來對我們說：「小球的爸媽啊！請不要為了他的離開而哭泣，今天因為你們對他的愛，為他誦經，已經給了他很大的功德，來，我們一起請菩薩把小球的魂魄引領過來，請他過來聽經吧！」

這時，我向師父說起了小球死亡的原因，也同時談到這段時間我因為自責而煎熬的痛苦，師父點點頭，告訴我：「生命的長短自有定數，小球雖然在人世間只有短短的四年，但，他卻能因你們對他的愛而早日脫離畜生相，這又何嘗不是他的福氣呢？」這年輕師父的幾句話，很奇妙地療癒了我們原本極度悲傷的心靈。

「您的意思是，小球已經脫離貓身，成為人身了嗎？可是他不太聰明，還有點傻，我怎麼確定，他真的找得到路，已經來到這裡了呢？」師父笑了笑，對我說：「不相信嗎？那你來擲個筊，小球熟悉你的聲音，你問問他吧！」我半信半疑拿出兩個十元銅板代替，雙手合十，大聲地說：「小球，你告訴媽咪，你在我旁邊嗎？如果是，請你用一正一反告訴我。」

我把銅板拋向天空，像電影裡的慢動作一樣，我看著銅板劃過眼前，在拋物線

靜止之後，銅板果然一正一反。「小球，你現在已經脫離貓身，成為人身了嗎？」

這一次，銅板一樣一正一反，我和先生訝異得說不出話來，那一剎那，我突然驚覺，在這宇宙中的確存在著一股神祕的力量，而我也這才明白，在我少不更事時，曾經誤把這種宗教儀式當成迷信，是一種多麼自大的無知啊！原來，宗教得以流傳千百年，也許，就是這種看不見的偉大力量，讓迷失於世間、宇宙間的靈魂得以穿越恐懼、不安，藉由祂的指引與撫慰，看清實相，最終回到正軌。這是一場心理治療，也是一場生命的學習。

誦完經後，便到了真正要送走小球的時刻了，我看著躺在爐上的小球，再怎麼不捨也得說再見，當工作人員為他披上往生被的時候，我拿出寫好的信，一字一句的大聲的念給他聽。我感謝上蒼賜給我們這四年半的緣分，因為有他，讓我們得以享受無可比擬的快樂與幸福，我告訴小球，我們會為他祝禱，給他勇氣，請他不要怕，一定要勇敢的往前走，我相信，在我們的祝福下，全新的生命將會帶給他另一個更精彩的故事。念完了信，爐火即將開啟，在那最後一眼的同時，我在心裡對小球說：「永別了，可愛的孩子，我會永遠愛你。」

離開淡水時，天空飄著細雨，我不知道，為什麼在這種時刻總特別容易變天，難道，這種發自內心深切的悲痛也感染了老天爺嗎？如果真的是這樣，那我得擦乾眼淚，忘記哀傷，我要想著曾經擁有小球的那種幸福的感覺，只因為，我愛他，我捨不得讓他為我擔心，我要他毫無牽掛的踏上新的旅程。因為愛，讓我產生了一定要快樂的力量。

依照傳統習俗，在小球過世的每一個第七天，不論我人在哪裡，我總記得要為他燃起一炷香，誦一部經，我深信，小球雖然憨傻，但一向貼心敏感的他，一定可以在另一個我看不見的空間中，藉由經文與那炷香感受到我們傳給他的愛與力量。

日子一天天的過去，我和先生逐漸從失去他的震驚與哀慟中走了出來，儘管每一次走進家門，我們總還會習慣性的呼喊著他的名字；在每一個夜深人靜的時候，也會情不自禁的對著他的照片，看了又看，摸了又摸；甚至在家裡，也會突然地用力呼吸，只為了貪心地想聞一聞，在空氣中那一絲他所殘存的味道。直到幫小球做

完最後一場法事，我其實清楚地知道，雖然表面上止住了淚水，但在內心深處的最底層，我還沒有完全接受小球已經離開的事實。

辦完法事的第三天，不知道為什麼，整個晚上翻來覆去的，睡得特別不安穩，就在半夢半醒之間，我突然看到床前隱隱約約的有一個黑影，我心頭一驚，想睜開眼睛試圖看清楚些。這回，我看到一個小男孩的影子，手上抱著小熊，站在床頭靜靜的看著我，時間彷彿靜止，那影子沒有說任何一句話，但我仍然可以感覺到一種奇妙的，似乎帶著點依戀的味道。就這樣，不知道過了多久，當我正打算搖醒睡在身旁的老公時，那黑影卻像是一縷煙似的消失在黑夜裡，我看了鬧鐘一眼——凌晨三點二十分，之後竟昏沉沉地睡著了。

第二天醒來，我沒有立刻告訴老公昨晚的事，帶著滿腦子的問號走進淋浴間，我喃喃自語：「難道是小球嗎？不可能啊，已經過了四十九天了，況且，那小孩為什麼要抱著小熊來找我呢？」我一遍又一遍的想，當熱水順著蓮蓬頭灑在臉上時，我仰著頭，看著一圈圈的霧氣，像極了凌晨的那一縷煙，突然之間我明白了，我再也壓抑不住內心的激動放聲大哭，是小球回來了！我突然想起，今天才是小球離開人世的第四十九天啊，是我們提前為小球做了法事，而他手上的小熊，正是當初為他整理塔位時，我親手放進去的，那是小球平常最喜愛的玩具熊。

他想告訴我什麼呢？我躺在床上，凝視著昨晚黑影佇立的床頭，我感覺到了，小球知道媽咪還掛念著他，特別在最後一天帶著我為他準備的小熊來看我。小球不用說任何一句話，但他藉著與我心靈相通的意念，告訴我他很好，要我別擔心，我知道，那是他最後的巡禮與道別。

有些朋友知道這些事後，覺得有些瘋狂與不以為然，在他們的想法裡，小球只不過是「動物」，我的哀傷似乎太小題大作了些。但，我想，這難道不是人類的自大所造成的偏執嗎？我們總以為，人類是萬物之靈，是萬物的主宰，總以為，只要致力於科學的追求就能夠掌握宇宙，改變世界。因此，我們活在事事掌握的自大裡，卻也同時活在失去掌握的極端痛苦裡。送走小球的這段日子，我從震驚、懊悔、自責、哀慟，到接受與祝福，這段歷程，讓我學會，有些事，我們無法掌握，

也無法安排，與其留在痛苦裡，就學會放手吧！學著敬畏天地，順從天地，一切也許會變得更簡單踏實些。

至於一隻貓的價值究竟有多少？他值得嗎？小球用他四年半的生命，讓我體會到愛的美好，也讓我學會珍惜當下所擁有的一切。我由衷的感謝小球，是他，教會了我這堂生命的必修課。

《心靈便利貼》

◎生命的價值，不在於時間的長短，而在於我們能為身旁的人創造出多少的價值。

◎世間事總存在著一股矛盾的美感；因為死亡，讓我們得以體會生命的美好，因為痛苦，讓我們更珍惜快樂的可貴。

◎面對無法掌握的事，學習放手，學著敬畏天地，順從天地，讓自己在大自然的律動中，活得自在簡單些。

◎活在當下，每一件事物的存在都有其意義，學習珍惜，並感謝目前所擁有的一切。

愛的行動力，Action

◎ 以下問題，思考後誠實寫下你的答案：

1.對於自己無法掌控的事情，你常覺得恐懼，甚至痛苦嗎？

2.在生活中，你總是勇敢地往前走，或是習慣活在過去？

3.現在的你，擁有什麼？

4.你常抱持感恩的心嗎？

5.請寫下一個在自己生命中曾經發生過的重要事件，你從中學習到的是？

◎ 我的立即行動方案：

1.________________________________

2.________________________________

3.________________________________

23 來不及說，我愛你

我們一直都把愛藏在心裡，以為對方一定知道，直到父親過世，從沒有說出口的「我愛你」三個字，竟成了我最大的遺憾。

二〇〇八年五月二十一日上午九點三十分，在我準備赴上海演講的前一天，姊姊在電話中哭泣著說：「爸爸沒有心跳了……」我跌坐在沙發上，儘管知道這一天終將來臨，但真的到了與父親永別的時刻，我還是抑止不了內心沉重的悲痛。

回到高雄奔喪，母親早已哀傷到幾近昏厥，她不吃不喝，日以繼夜流著眼淚。我心疼母親，因此決定收起哀傷，就像一向堅強冷靜的父親一樣，我知道我必須勇敢，必須在這個時候成為母親的情感支柱。況且，我相信父親一定還在我們的身邊，我不忍心在他辛苦一輩子之後，直到此刻還讓他為我們牽掛。

因此，我儘量不在母親面前掉眼淚。為了製作紀念父親的影片，深夜，我坐在書桌前，一遍又一遍地翻看著父親生前所留下的物品，小小的書房裡，有父親服務警界一輩子所得到的各種勳章、晉升派任的人事令、親手寫的自傳，以及斑駁的照片。直到開始提筆，我才發覺，身為女兒的我，其實從來都沒有用心了解過呵護我一輩子的父親，在他威嚴的外表底下，藏著魂牽夢縈的鄉愁，以及對子女那份濃得化不開、卻又永遠不說的愛。

民國三十八年，父親跟著部隊，一路從家鄉逃到台灣，出基隆港的時候，吃了生平的第一根香蕉，那年，他二十九歲。從此之後，父親在台灣開枝散葉，生下我們，又度過了五十九個年頭。對於父親，我一直是既敬重又畏懼，甚至，長大之後到台北工作，還經常夢到父親嚴厲訓斥我的畫面，醒來之後總是嚇出一身冷汗，我曾經想過，為什麼那麼怕他？

也許是因為從小到大，父親總是扮演我的「反對黨」。印象中，他極少讚美我，即使我拿到好成績，得到演講比賽冠軍，當我興高采烈地在他面前攤開獎狀

時，他也不願意多看一眼，只是板起臉來告訴我還要再努力。小時候，我經常覺得很受傷，我不懂，他為什麼要對我那麼殘酷，甚至一度懷疑，我是不是他在外頭撿回來的小孩。

他從來沒有對我說過他愛我這一類的話，當然，我也說不出口。父親對我要求越多，我反抗的力道越強；他越想控制我，我卻逃離得越遠。彷彿在我們父女之間，一直有條看不見的弦，緊緊地繃著，好多年。一直到他得了阿茲海默症，我才驚覺，父親已不再是個強者。

說也奇怪，得病後的父親，臉上卻經常出現笑容，那笑容裡有一種如孩童般的純真。回家看他的時候，我拉起他的手，輕輕地撫摸著，這時候，父親看我的眼神，非常溫柔，非常慈愛，而我卻總是別過頭，止不住成串流下的眼淚。有時候，父親會心疼地叫我不要哭，但是，我好懷念那個聲如洪鐘、經常罵我的父親。

在父親病中的那幾年，兒時的記憶不斷湧現，不知道為什麼，此時回想，他已不再是昔日教人畏懼的父親，從一件件塵封已久的往事中，像撥開雲霧似的，我漸漸看見他對我的愛。

當我還是個小女孩，我不敢到巷口買醬油、不敢獨自睡覺，上幼稚園時媽媽一定要陪在教室外，只要一看不見她的影子，我就哇哇大哭……勇敢又堅強的父親，怎能忍受女兒如此懦弱無能？於是他決心改造我。

上小學的第一天，父親親自帶著我去報到，那是我打從出娘胎以來，第一次，看到那麼多的人。我嚇得躲在父親背後，忸忸怩怩地緊拉著父親的大手，他帶著我走了一陣子，最後把我交給一位穿著旗袍、戴著黑框眼鏡、像極了歌手蔡琴的女人。這女人是我的級任老師——曹公國小的周若華老師，我永遠忘不了她，因為有她和父親的裡應外合，從此改變了我的性格，也改變了我的命運。

當周老師牽起我的那一刻，溫暖的手掌立刻化解了我的恐懼，那一天，我像個初入叢林的小白兔，怯生生但還算是快樂地開始了我的小學生涯。但我萬萬沒想到，真正悲慘的時刻，卻是在放學回家之後。

原來，父親為了鍛鍊我的勇氣，在我上學的第一天，就已經替我報名，自願參

加那個不知道何時會舉辦的演講比賽！父親的執行力超強，在我每天放學回家後，父親打開衣櫃的門，要我站在鏡子前，發表五分鐘的即席演講。這真的太難了，我怎麼可能辦得到？我是如此膽小，更何況在鏡子旁，還有暫時放下鍋鏟的媽媽、剛放學的哥哥姊姊，以及一群只是來找我玩的鄰居小朋友，他們全都在爸爸的強迫之下變成無辜的觀眾。

我羞紅了臉，低著頭說不出一個字。父親嚴厲地指著鬧鐘說：「已經過了兩分鐘了，快說啊！」父親的聲音嚇得我眼淚奪眶而出，媽媽衝上前想抱抱我，卻被父親制止了。我無助地捏著衣角，拚命掉眼淚，好希望父親能夠放我一馬！但他還是冷冷地說：「你就站在那兒繼續哭吧，等到鬧鐘響了你才能下來。」那時，小小的心靈好氣好氣父親，氣他的魔鬼訓練讓我在同伴面前出盡洋相，氣他總是把我的自尊踩在腳下。

殘酷的訓練持續進行著，每天，我依舊站在鏡子前哭了整整五分鐘。直到有一天，在放學回家的途中，我居然開始喃喃自語起來，原來我學會了為待會的演講

「彩排」！這下可好了，這一天，連我自己都不敢相信，我居然沒有掉半滴眼淚就完成了五分鐘的演講，我興奮極了，這個魔鬼訓練總算可以結束了！沒想到，父親還是沒有笑容，只丟下一句話：「明天開始，十五分鐘。」

不論颳風下雨，就算我使出苦肉計假裝肚子痛，父親也堅持每天的訓練不能停止。就這樣，我從五分鐘、十五分鐘，進步到能說上三十分鐘，當然，我沒有哭！直到有一天，周老師告訴我，可以準備參加比賽了。

父親與老師教了我許多演講的祕訣，例如，如何比畫手勢、如何抑揚頓挫，還有，上台的時候把觀眾當成西瓜就能克服緊張……這些招數真的很有用，至少在所有哭成一團的小朋友中，我是當天唯一能完整背完講稿的人，理所當然，我拿到了全校第一名。從此之後，直到大學畢業，我成了演講、朗誦、辯論比賽的常勝軍，我更愛上了站在講台上的成就感。誰也沒有想到，那個當年總是躲在角落的我，如今卻使演講成了自己熱愛的工作。

我常想，如果不是父親的「狠心」，我無法克服膽小的天性；又或者，如果不

是他的慧眼獨具，挖掘了我潛藏的天份。如果當年，他是一位溺愛著我的父親，現在的我，又會是什麼樣子？

在我成長的歷程中，父親也不全然是那麼冷酷無情，偶爾，這位鐵漢也會流露出為人父的慈愛。不記得是小學幾年級，有一天，父親下班剛進門，媽媽從廚房裡走出來告訴父親今天是我的生日，他馬上把公事包一丟，一把抱起了我，就像老鷹抓小雞一樣，把我放在鐵馬後座，說：「走，爸爸帶你去買蛋糕！」那時，天空飄著細雨，父親奮力踩著腳踏車，其實我並不在乎有沒有蛋糕可以吃，然而父親高大又認真的背影，讓我肯定了一件我很在乎的事——他是愛我的。那種幸福的滋味，即使長大之後，和心愛的人一起過生日，也無法相比。

除了訓練我演講，父親還煞費苦心地送我去舞蹈教室學芭蕾舞，可惜我只去了幾次就因為不敢穿舞衣而作罷。有一天，我聽見鄰居家中傳來鋼琴聲，馬上問爸爸：「那是什麼？我可以學嗎？」父親猶豫了一下，沒說什麼，當晚入睡前，我聽見爸媽房間裡傳來低沉的、交談的聲音。沒多久，父親用原本要買房子的錢幫我買了一架鋼琴！

於是，我開始了練琴生涯，那幾年，父親幫我找了全高雄最有名的鋼琴老師，而在老師的建議下，父親還經常陪著我去聽各鋼琴大師的演奏會。直到今天我還是不懂，領微薄公務員薪水的父親，怎麼捨得砸大錢栽培我？

他沒有音樂細胞，卻願意耐著性子坐在音樂廳裡聽著與家鄉完全不同的西洋調，我不知道父親是否期待我成為音樂家，但學了十幾年的琴的我，在升學的壓力下決定放棄，他應該是失望的。因為這件事，父親嘮叨了十幾年，雖然我表面上不承認，但其實在心裡，我終究覺得對不起他，辜負了他對我的期望。

父親身上有一股凜然正氣，好幾次我看著他把來訪的客人趕出去，接著又把人家送來的水果禮盒扔出門。年幼的我，總覺得父親太不盡人情了，不是說「來者是客」嗎？直到有一天，我從房間門縫偷偷看到父親又對著來送禮的客人狂吼，原來禮盒中除了水果，底層還鋪了一層厚厚的鈔票！把客人轟走之後，父親坐在客廳的沙發上對我們發了好大的脾氣，責怪我們不應該隨便讓外人進門，還說那個人用錢

污辱了他的人格。那時，我們三兄妹只覺得倒楣，此後好長一段時間，即使門鈴響了，我們也不太願意主動去開門，更別說敢自作主張收下陌生人的禮物。

父親的剛正不阿還不僅止於此。

有一回在飯桌上，母親提起有一些官太太「好心」提醒她，想幫助先生升官就得多到長官家走動，所謂的走動，說穿了就是去幫長官夫人處理煮菜、打掃、帶孩子等雜事。母親說完，只是溫柔地看著父親，我想以媽媽的勤勞賢淑，只要父親開口，她會願意做的，沒想到，父親放下碗筷，又發了一頓脾氣。父親不但要母親以後少跟這些官太太在一起，還用非常冷峻的眼神看著母親：「我警告你，你可千萬不准踏進長官家一步，我規規矩矩的為國家做事，如果需要巴結逢迎，那我寧願一輩子升不了官，要太太去長官家裡當佣人，讓人使喚，這算什麼男人！」

那頓飯，鴉雀無聲，氣氛很緊張，我們匆匆扒了幾口，便躲進房間以免又被波及。我一直覺得父親是個既不浪漫又不體貼的大男人，但，現在想來，也許，這就是他愛太太的一種方式，保護她、維護她的尊嚴，但卻從來不把愛掛在嘴上。

看起來粗線條的父親，也有心思細膩的時候。

父親承襲了祖母樂於助人的美德，我們小的時候，他喜歡在周末帶著全家到六龜育幼院探望院童，出門前總不忘嚴格地檢查我們的衣著，告誡我們說話要小心，因為擔心我們不經意會傷害了院童的自尊。父親一踏進育幼院，整個人都變了，變得意外地和藹慈祥。有時候，我會偷偷地生起悶氣來，怪父親為什麼不把愛多分給我一點？

從小到大，父親給我的壓力，沉重得讓我拒絕成為一個像他的人，我一直努力地希望活出真正的自我。我以為我做到了，但，當人生走入中年，回首過往，我才發現，血脈的延續何等奇妙，我所謂的「自我」，在某些方面，其實就是父親的翻版。我以為我可以不在乎他對我的評價，但是，當我跪別父親，不得不送走他的時候，我卻發覺，原來我這輩子所有的努力，其實只是為了要換得父親的一句：「女兒，我以你為傲！」

父親過世了，我終究沒有聽到他親口對我說出這句話。整理照片時，才發現我

和父親的合照少之又少，在我人生的四十幾個年頭裡，大半的時間忙於工作、事業與家庭，父親養大了我，卻在我稍有能力反饋的時候辭世，我從來都不知道，在他內心深處，他最在乎的，究竟是我的陪伴，還是我所交出的成績單？

為父親辦完後事的第二個月，我應邀到福州講課，在飛機上，窗外的雲襯著晚霞，好像一朵朵美麗的紅花，我從未見過如此動人的景象，心想，這應該就是所謂的天上人間吧！而現在，父親在哪裡呢？

一想起他，我彷彿看到父親帶著笑容站在雲朵裡向我揮手，我再也無法抑制對他思念，我以為我夠堅強，可以勇敢地克制喪父的悲傷，卻沒想到，在我離開台灣之後，淚水才開始潰堤。我向鄰座的乘客說了聲抱歉，便蒙上圍巾，嚎啕大哭了起來。我哭了好久好久，無法停止，就像是這一輩子，我對他的愛與虧欠，說，也說不完。

走出海關，擦乾眼淚，我在心裡對父親說了那句遲來的「爸爸，我愛你！」

《心靈便利貼》

◎對最愛你的父母親說聲：「我愛你」吧！不要讓人生留下遺憾！

◎珍惜父母所賦予你的生命，做為子女，你有責任讓生命活得更有意義，更有價值，這是孝順父母的一種方式。

◎在忙碌中保留一些時間，讓自己在生活的細微中，體會父母無私而偉大的愛，想一想，你該如何回饋？

愛的行動力，Action

◎ **針對以下問題，請思考並寫下你的答案：**

1.父母最在意的是什麼？
2.我對父母有遺憾嗎？如果有，那是什麼？
3.你的父母對你所交出的成績單滿意嗎？

◎ **我的立即行動方案：**

1.______________________________

2.______________________________

3.______________________________

國家圖書館出版品預行編目資料

何不勇敢做自己：錢慧如教你職場生存法則 / 錢慧如著. -- 初版. -- 臺北市 ： 商周編輯顧問, 2009. 03
面； 公分. --（新商周系列；2）
ISBN 978-986-7877-27-7（平裝）
1. 職場成功法
494. 35　　98002506

新商周系列2

《何不勇敢做自己》

錢慧如教你職場生存法則

作者	錢慧如
發行人	金惟純
社長	俞國定
總編輯	孫碧卿
編輯總監	沈文慈
封面版型設計	顏亞微、李青滿
責任編輯	莊慧如
出版	商周編輯顧問股份有限公司
地址	台北市中山區民生東路二段141號4樓
電話	（02）2505-6789轉5218
傳真	（02）2507-6773
劃撥	18963067
	商周編輯顧問股份有限公司
印刷	科樂印刷事業股份有限公司

出版日期／2009年3月 初版　　定價250元